农村易腐生活垃圾处理技术与方法

主　编　吴东雷
副主编　宋　薇　喻　凯　桂嘉烯　孙　悦　陈威旺

中国建筑工业出版社

图书在版编目（CIP）数据

农村易腐生活垃圾处理技术与方法/吴东雷主编．—北京：中国建筑工业出版社，2019.9
ISBN 978-7-112-24307-5

Ⅰ.①农… Ⅱ.①吴… Ⅲ.①农村-生活废物-垃圾处理 Ⅳ.①X799.305

中国版本图书馆 CIP 数据核字（2019）第 222288 号

本书上篇概述了农村生活垃圾的来源、组成、环境危害等内容，介绍了农村生活垃圾的治理原则及治理经验。下篇详细阐述了好氧堆肥处理技术、厌氧发酵技术、热处理技术、黑水虻生物转化技术等多种农村易腐生活垃圾处理工艺与技术，从工艺原理、工艺流程、应用模式、工艺优缺点及适用范围、运行管理等多种角度对各类农村易腐生活垃圾处理工艺进行了综合分析。

责任编辑：石枫华　李　杰
责任设计：李志立
责任校对：芦欣甜

农村易腐生活垃圾处理技术与方法
主　编　吴东雷
副主编　宋　薇　喻　凯　桂嘉烯　孙　悦　陈威旺
*
中国建筑工业出版社出版、发行（北京海淀三里河路9号）
各地新华书店、建筑书店经销
北京科地亚盟排版公司制版
大厂回族自治县正兴印务有限公司印刷
*
开本：880×1230毫米　1/32　印张：3⅜　字数：95千字
2019年12月第一版　2019年12月第一次印刷
定价：**30.00**元
ISBN 978-7-112-24307-5
(34810)

前　言

随着经济不断发展，人民生活水平不断提高，生活垃圾的产生量也在不断增长，如果得不到合理的处置，将会影响生态环境、侵占土地资源、污染地下水源，进而危害人类的健康和生存。相对于城市而言，农村地区人口分散，垃圾产生源点多，易腐垃圾产生量大，垃圾收运处理难度也大，不利于集中处理。同时，农村地区经济承受能力弱，因此，随着垃圾分类工作的逐步推进，如何选择适宜的农村易腐生活垃圾处理技术，成为农村生活垃圾处理的重要环节。

本书主要针对农村易腐生活垃圾常见处理方法进行论述，以期为农村生活垃圾治理有关的科技人员、管理人员提供参考。

本书上篇概述了农村生活垃圾的来源、组成、环境危害等内容，介绍了农村生活垃圾的治理原则及治理经验。下篇详细阐述了好氧堆肥处理技术、厌氧发酵技术、热处理技术、黑水虻生物转化技术等多种农村易腐生活垃圾处理工艺与技术，从工艺原理、工艺流程、应用模式、工艺优缺点及适用范围、运行管理等多种角度对各类农村易腐生活垃圾处理工艺进行了综合分析。

本书内容深入浅出、图文并茂、兼顾科学性与可读性，有利于读者深入理解和灵活掌握农村易腐生活垃圾处理工艺。由于编者水平和编写时间的限制，疏漏和不足之处在所难免，恳请读者批评指正！

编　者

2019 年 8 月

目　录

上篇　农村生活垃圾概述

下篇　农村易腐生活垃圾的处理工艺

上篇　农村生活垃圾概述

随着农村经济的快速发展以及农民现代化生活方式的建立，我国农村生活垃圾污染现象呈现出垃圾产生量逐年增加，组分愈加复杂多样，处理难度不断加大等特征。要解决农村生活垃圾污染，首先要了解农村生活垃圾的组成及其分布特性，其次是针对农村地区现有的垃圾处理方式，深入探究农村生活垃圾处理面临的问题，最后总结推广出一套最适宜农村地区实施的生活垃圾分类处理工作运行管理模式。

本篇内容围绕农村生活垃圾的特性及宏观管理制度等几个方面展开，聚焦于农村生活垃圾的来源、组成及危害，阐述目前我国农村生活垃圾的治理原则及技术规范，以浙江省为例具体介绍了其在农村生活垃圾分类及资源化处理模式中的成功经验。

第1章　农村生活垃圾的特性

1.1　农村生活垃圾的来源

农村生活垃圾是指农村居民在日常生活过程中产生的废弃物，包括家畜粪便、易腐垃圾等有机物，农药容器、灯泡、废旧电池等有毒有害物，还包括卫生纸、玻璃、塑料、橡胶、金属等废品。基于我国农村地区垃圾产生的实际情况，可将所有农村生活垃圾分为以下五类：

（1）可烂垃圾：也称作易腐垃圾，指可腐烂降解的垃圾，包括剩菜剩饭、果壳瓜皮、菜梗菜叶等厨余垃圾，也包括植物的枯枝败叶等。

（2）可回收垃圾：指废旧电器、废旧家具、废纸、废塑料瓶、金属类、玻璃类等可在当地废品市场售卖的垃圾。

（3）有害垃圾：指对人体健康有害或者具有较强环境风险的垃圾，如过期药品、日光灯管、废旧电池、农药容器、废水银温度计等。

（4）煤渣灰土类垃圾：指日常生活中烧煤所产生的煤渣，以及卫生清扫过程中产生的灰土类垃圾。

（5）其他垃圾：指除上述分类以外的垃圾，如卫生间废纸、烟蒂等等。

1.2　农村生活垃圾的组成

近年来，随着中国广大农村地区工业的快速发展、电子产品的兴起和塑料制成品消费的增加，农村生活垃圾的组分趋于城市化。但由于城市、农村居民仍存在差异较大的生产与消费模式，城乡生活垃圾在主要组分的比例上还存在着一定的差异。

何品晶等通过文献和实地调查发现，我国农村生活垃圾的最主要组成部分为易腐有机垃圾，包括厨余垃圾、农作物秸秆及枯枝败叶等，一般占垃圾总量的40%～50%；其次为无机垃圾，包括石块、灰土等，一般占垃圾总量的20%～40%；塑料、纸类和玻璃等可回收类垃圾的占比为15%～30%，但其中仅有5%～10%为实际可回收组分（可在废品市场售卖）。总体来说，由于大部分地区厨余垃圾比重最大，所以我国农村生活垃圾具有有机物含量高、含水率高等特点，且由于其同时掺杂了农药、化肥等有害垃圾，所以其有害性一般也要大于城市生活垃圾。

由于垃圾组分受不同地区地形地势、经济发展水平、人民生活习惯等诸多因素影响，全国农村生活垃圾各组分的比例差异很大。韩志勇等在对中国西部6个省进行现场调研及对全国25个省的相关数据进行统计分析后发现，我国东部地区农村生活垃圾组成中的灰土类含量明显低于中西部农村地区，这与不同地区的经济发展水平有一定的关系：我国东部农村地区经济相对发达，生活燃料以电和液化气为主，而我国中西部农村地区经济相对落后，生活燃料以原碳为主，因此灰土类成分含量相对较高。韩志勇等人的调研结果表明，我国东北地区在冬季燃煤供暖较多，所以在冬季产生的灰土类垃圾占比高达49.08%，与此产生鲜明对比的是燃煤较少的华南地区，在冬季产生的灰土类垃圾仅占所有垃圾的4.42%。从全国范围来看，中国农村灰土类垃圾的含量明显呈现出由北向南逐渐递减的趋势，而纸类垃圾和橡塑类垃圾的含量则呈现出由北向南逐渐递增的趋势。

季节因素会规律性地影响农村生活垃圾的组分构成。例如在夏季，由于大量食用含水率较高的新鲜瓜果蔬菜，所以使农村生活垃圾产量和含水率通常在夏季较高。在冬季，中西部地区某些相对落后的农村没有集体供暖，家家户户用炉灶自家供暖，这就使得这些区域冬季生活垃圾的灰土类成分含量大幅上升。此外，在春节期间，由于大部分外出打工的村民返村，村里人口较多，造成垃圾产生量尤其是厨余垃圾产生量明显多于相邻月份。

1.3 农村生活垃圾的环境影响及危害

1. 直接影响居住环境

农村生活垃圾对村民居住环境的影响与其处理方式密切相关，如果采用普通填埋或自然堆放的处理方法，垃圾堆放地将成为一个大型污染源。姚伟等人在2009年对全国6590个村的垃圾堆放方式进行了调研，结果表明，在我国农村生活垃圾的堆放方式中，随意堆放的占36.72%，收集堆放的占63.28%。堆放的垃圾如不能及时有效地处理，长此以往，不仅会成为苍蝇、蚊虫等病原体滋生的场所，更有可能会破坏地表植被，降低土壤肥力，改变土壤的结构和性质，进而直接影响农业生产。

农村生活垃圾还会污染周边的水体和大气。随意将生活垃圾丢入湖泊、河流或水库，会对水生环境造成一定程度的破坏，如果丢入水体中的生活垃圾包含有害垃圾，则产生的环境污染问题会更加严重。垃圾在长期堆放过程中也会产生渗滤液，而渗滤液中包含有有机物、氮磷元素和重金属等成分，经雨水冲入地表水体后会影响水体表观及水质，给农村的生产生活造成不良后果。此外，垃圾在露天堆放和运输过程中，会降解产生有机挥发气体、有毒有害物质（如氨氧化物、硫氧化物等）、温室气体（如甲烷等），加重大气污染；在风力带动下，垃圾本身含有的细小颗粒、粉尘等可进入大气并发生扩散。

2. 危害人体健康

农村生活垃圾的不规范处理处置对人体健康的影响可分为直接危害和间接危害两个方面。

（1）直接危害：没有经过妥善处理的农村生活垃圾，在一定条件下会导致有害微生物大量繁殖，通过蚊蝇携带等途径导致疾病的传播。一些生活垃圾的焚烧会产生VOCs，如蒽、烷烃烯烃类、醛类、酚类等，部分其他物质具有刺激性或特殊气味，也具有一定的毒性，人体吸入这些气体后会产生相应的不适反应。

（2）间接危害：用被垃圾侵占过的土地种植农作物，农作物中可能会积累少量有毒物质，当长期食用含有有毒物质的作物时，人体的肝脏和神经系统会受到一定程度的损害。

3. 影响生态环境

农村生活垃圾对生态环境的影响除了来源于农村垃圾不规范处置带来的问题外，还有一部分来源于农村垃圾中的危险固体废弃物。这些危险废弃物包括杀虫剂、旧电池以及部分剧毒物品等，这些物品很难降解且大多具有致畸、致癌、致突变的三致效应，一旦被随意丢弃，进入水体或渗入土壤后将对生态环境造成长期的恶劣影响。

1.4　农村生活垃圾的产生量与分类方法

受各地社会经济发展水平、燃料结构、生活习惯等因素的影响，我国不同地区农村生活垃圾人均产生率变化幅度很大。韩志勇等人的调研结果表明，我国农村地区的生活垃圾产生率约为 0.034～3.000kg/(人・d)，全国平均值为 0.649kg/(人・d)。其中：北京 0.958kg/(人・d)、河北 0.890kg/(人・d)、陕西 0.358kg/(人・d)、浙江 0.611kg/(人・d)、吉林 1.210kg/(人・d)、四川 0.381kg/(人・d)、上海 1.253kg/(人・d)、新疆 0.195kg/(人・d)。何品晶等人的调查统计结果表明，全国集镇生活垃圾产生率的平均值约为 0.52kg/(人・d)；岳波等对全国 134 个村庄进行资料调查得到的平均生活垃圾产生率为 0.76kg/(人・d)，其中东部地区 0.77kg/(人・d)，中部地区 0.98kg/(人・d)，西部地区 0.51kg/(人・d)。总体而言，可认为我国农村生活垃圾产生率平均值为 0.5～0.7kg/(人・d)，并且呈现出垃圾产生率北方高于南方、东部高于西部的特点。根据国家统计局的调查数据，2017 年中国乡村常住人口数为 57661 万，按照全国农村生活垃圾产生率平均值为 0.6kg/(人・d) 计算，2017 年中国农村生活垃圾的产生量约为 1.3 亿吨。由此可见，农村生活垃圾产生量巨大且组分复杂，若能及时收集并妥善处理农村生活垃圾，将对于农村环境卫生状况的改善具有重大意义。

中华人民共和国住房和城乡建设部在2015年发布的《住房城乡建设部等部门关于全面推进农村垃圾治理的指导意见》(建村〔2015〕170号)(以下简称《指导意见》)中提出,到2020年全面建成小康社会时,全国90%以上村庄的生活垃圾得到有效治理,实现有齐全的设施设备、有成熟的治理技术、有稳定的保洁队伍、有长效的资金保障、有完善的监管制度的总体目标任务。《指导意见》指出,推行垃圾源头减量是农村垃圾治理的主要任务之一,具体是:适合在农村消纳的垃圾应分类后就地减量。果皮、枝叶、厨余等可降解有机垃圾应就近堆肥,或利用农村沼气设施与畜禽粪便以及秸秆等农业废弃物合并处理,发展生物质能源;灰渣、建筑垃圾等惰性垃圾应铺路填坑或就近掩埋;可再生资源应尽可能回收,鼓励企业加大回收力度,提高利用效率;有毒有害垃圾应单独收集,送相关废物处理中心或按有关规定处理。

垃圾分类收集是实现垃圾源头减量的关键前提和重要环节。目前,我国城市与农村垃圾源头分类有多种模式,如二分法、三分法、四分法等。在农村垃圾源头分类实践中,为了让百姓容易辨识垃圾种类,易于分类操作,很多地方政府提出了二分法的概念,如干垃圾与湿垃圾、可烂垃圾与不可烂垃圾、可卖垃圾与不可卖垃圾等等,也有些村镇参考城市垃圾二分类方法进行了垃圾分类,例如可回收垃圾与不可回收垃圾、有机垃圾与无机垃圾等。实际上在垃圾源头二分类方法中,管理单位或专业服务公司往往需要在下一级分类收集环节或场所,再次进行垃圾细分类,通过专业人员或专用分选机械再分拣出更多种类的垃圾或再生资源类的废弃物。在农村垃圾源头分类中,也有不少县或者乡镇尝试进行三个种类以上的垃圾分类方式,并取得了一定的经验,比如在二分类的基础上增加了有毒有害垃圾类的三分法。

分类收集后的农村生活垃圾将采用多种方法相结合的方式进行处理,见图1-1,最终达到垃圾减量化、资源化、无害化的目的。现阶段我国农村易腐生活垃圾的常见处理技术主要包括堆肥处理、厌氧发酵、热处理及黑水虻生物转化等技术,在“下篇　农村易腐生活垃圾处理工艺”中,将详细介绍这几种技术。

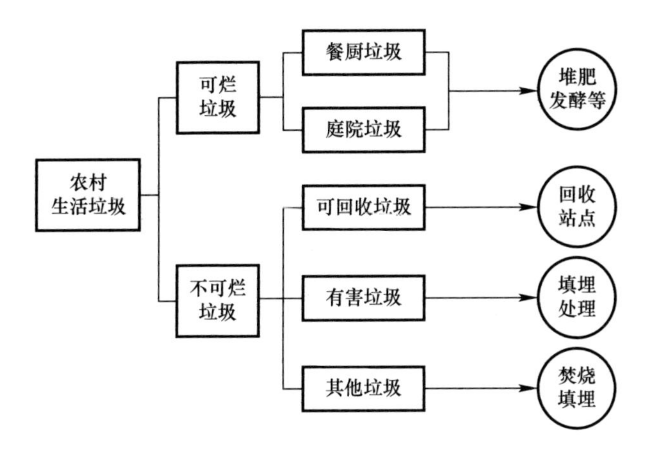

图 1-1　垃圾分类处理模式

第 2 章　农村生活垃圾的治理

2.1　农村生活垃圾治理存在的问题

调查显示，我国农村生活垃圾处理目前主要还存在着以下问题：

（1）分类意识不强，垃圾混合投放

我国部分农村居民文化水平偏低，缺乏垃圾分类意识和分类常识。为了投放方便，往往将农村居民生产生活中的所有废弃物，全部倒入公共垃圾桶内，桶内的垃圾既有易腐生活垃圾，又有杂草树叶杂土炉灰，也有可以再生的资源类废弃物品等，增加了后续处理难度。

（2）垃圾数量较大，垃圾组分复杂

农村生活垃圾的产生量在逐年增加，与此同时，农村生活垃圾成分也越来越复杂，除拥有城市生活垃圾的主要组成部分以外，还包括各种农作物秸秆以及化肥农药包装物等农业生产废弃物，给后续的垃圾分类处理增加了难度。

（3）农村财力薄弱，收集清运困难

农村人口相对于城市分布较为分散，生活垃圾收运距离远高于城市。部分地区农村集体经济薄弱，生活垃圾治理方面的投入较少，尚未建立专门的垃圾收集、运输及处理系统。未建立垃圾收集处理体系的农村，生活垃圾几乎都堆积在村庄周边、村庄出入口两旁、村内闲置空地和湾塘周边等，垃圾围村现象严重，不仅侵占了大量土地，还会成为苍蝇、蚊虫等病原体滋生的场所。此外，由于垃圾在长期堆放过程中可能会发生厌氧发酵，产生甲烷等可燃气体，这些可燃气体具有遇明火会自燃，并引起火灾、爆炸等事故的风险。

（4）城市垃圾下乡，加重农村污染

由于资金和技术的局限，一些小城市常常把垃圾向郊区、农村等地“转运”。这些“转运”城市垃圾往往得不到合理处置，造成农村生活垃圾处理的难度与日俱增，加重了农村的生态环境压力，使本就脆弱的农村生态环境日趋恶化，极大程度地影响了农民的生产和生活质量。

2.2 农村生活垃圾治理的一般原则

1. 分类治理原则

农村地区较城市地区人口分散、垃圾分散，农村生活垃圾全收全运全处理的平均成本是城市的几倍以上，如果不进行分类转运处理，不仅成本高昂，而且无法实现资源的回收利用。农村生活垃圾的治理也应遵循固体废弃物处理处置中的“减量化、资源化、无害化”原则，其最终目的是不污染生态环境、不危害人体健康。在减量的同时，农村生活垃圾中的有害垃圾应交给有处理资质的公司进行集中规模化处理，防止二次污染的产生；而生活垃圾中的资源应尽可能地回收利用。

2. 因地制宜原则

农村生活垃圾的分类和资源化处理有多种模式和体系，各地在推行时不能简单地照搬照抄其他地区的处理方式，而应结合农民的生活方式、农业生产方式以及当地的地理气候条件，合理优选适合本地的分类处理技术和工艺。已经建有垃圾资源化处理设施的地区，需要加强处理能力建设，提高垃圾的资源化利用和无害化处理水平。例如，紧邻城市且以非农产业为主的村庄，可纳入城市生活垃圾分类和收集处理系统；生活燃料以燃煤为主的村庄，可单独分出煤渣灰土进行后续处理；肥料可就近利用的村庄，可单独分出可烂垃圾进行堆肥资源化处理。

3. 简单可行原则

农村生活垃圾的分类内容要容易被群众接受，分类措施要简单方便，做到让绝大多数农民容易学习、容易记忆、容易操作，一般而言，农村生活垃圾的分类种类不宜多于五类。

4. 经济可靠原则

为增加对生活垃圾治理的投入，需要广大农村地区搞活经济、促进发展、增加村级经费，并努力争取各级政府资金补贴。与此同时，要求各农村地区降低生活垃圾的治理成本，根据垃圾产生情况合理选择清运频次；根据地理位置、经济发展水平、垃圾终端处理设施建设等当地实际情况，合理选择生活垃圾处理物流模式；确保分类收集、转运和处理的各类设施设备成本合理、经济耐用；不断推进垃圾分类减量、废品回收，减少垃圾产生量与清运量。

5. 管理可续原则

农村生活垃圾治理必须坚持不懈地做好宣传教育和日常管理工作，要求各镇乡（街道）、各行政村成立农村生活垃圾分类工作组织领导机构，配备管理人员组织推进；建立对分类治理工作的检查、监督或通报制度，监督垃圾分类投放、分类收集、分类处理常态化；建立奖惩机制，将垃圾分类投放、收集、处理工作纳入农村基础设施长效管理工作；开展技术培训，制定村规民约或环境卫生公约，利用报纸、电视、广播、手机平台、线下发放宣传材料等多种方式进行宣传，增强垃圾分类意识，确保源头分类成效。

2.3 农村生活垃圾治理相关政策及技术规范（以浙江省为例）

2003年，时任浙江省委书记的习近平同志做出实施“千村示范、万村整治”工程的重大战略决策，开启了改善农村生态环境、建设美丽乡村的村庄整治行动。十六年来，浙江省持续推进农村人居环境整治，提出了“建设美丽浙江、创造美好生活”新要求，强调水岸同治、标本兼治消灭“垃圾河”，承诺“绝不把违法建筑、污泥浊水和脏乱差环境带入全面小康社会”，把垃圾分类这件事关群众切身利益的关键小事与建设美丽乡村，大力开展“五水共治”“四边三化”“三改一拆”等重点工作紧密结合、扎实推进。2014年，在开展农村生活垃圾集中收集处理的基础上，浙江省进一步开展了农村生活垃圾分类处理试点工作，以“最大限度减少垃圾处置量，实现垃圾循环资源化利用”为总体目标，对农村生活垃圾传统的集中收集处理方式进行全面改革，不断探索农村生活垃圾“分类收集、定点投放、分拣清运、回收利用”的分类处理模式，努力实现农村生活垃圾“减量化、资源化、无害化”处置。2018 年 9 月，浙江省“千村示范、万村整治”工程被授予联合国的最高环境荣誉——“地球卫士奖”。2019 年 3 月，中共中央办公厅转发《中央农办、农业农村部、国家发展改革委关于深入学习浙江“千村示范、万村整治”工程经验扎实推进农村人居环境整治工作的报告》，将浙江模式推广至全国。

2.3.1 《浙江省农村生活垃圾分类处理工作“三步走”实施方案》

2018 年 4 月，为加快推进浙江省农村生活垃圾分类处理工作，根据省委、省政府关于农村生活垃圾分类处理工作安排和全省生活垃圾分类处理工作动员会的部署要求，浙江省农办（省村庄整治办）组织编制了《浙江省农村生活垃圾分类处理工作“三步走”实施方案》（以下简称《方案》）。

《方案》指出，全省利用五年时间进行全力攻坚，基本建立农村生活垃圾“分类投放、分类收集、分类运输、分类处理”的管理和运行体系。制定分类处理管理办法和标准体系，分类处理取得明显成效，农村居民分类习惯基本养成，处理设施无害化，回收利用资源化，村容村貌全面改观，生态宜居环境不断改善，农村生产生活环境焕然一新。具体工作目标为：

第一步，一年见成效。到 2018 年底，全省设区市农村生活垃圾分类覆盖面达 50%以上；创建省级高标准生活垃圾分类示范村 200 个；农村生活垃圾回收利用率达 30%以上、资源化利用率达 80%以上、无害化处理率达 99%以上；

第二步，三年大变样。到 2020 年底，全省设区市农村生活垃圾分类覆盖面达 80%以上；创建省级高标准生活垃圾分类示范村累计 600 个；全省农村生活垃圾回收利用率达 45%以上、资源化利用率达 90%以上、无害化处理率达 100%；

第三步，五年全面决胜。到 2022 年底，全省农村生活垃圾分类基本实现全覆盖；创建省级高标准生活垃圾分类示范村累计 1200 个；全省农村生活垃圾回收利用率达 60%以上、资源化利用率基本达 100%。

《方案》要求全省农村生活垃圾治理工作坚持属地管理、全民参与；精准规划、优选工艺；绩效导向、严格标准；科学管理、持久运行四项原则。通过加强组织领导、机制建设、示范引领、宣传教育、督导考核等措施，完成强化分类处理主体责任，建立任务指标落实体系；强化源头减量落实，建立健全分类处理体系；强化处理能力提升，加快推进设施体系建设等多项工作任务。

2.3.2 《农村生活垃圾分类处理规范》(DB33T 2091—2018)

普遍开展农村生活垃圾分类处理工作，是农村生态环境治理的现实需要。农村生活垃圾分类关系到农民的生活方式、农村的基础设施和公共服务运转方式的重大转变，是一项系统的民生工程。

由浙江省农业和农村工作办公室牵头，浙江省标准化研究院、浙江大学环境污染防治研究所、浙江省“千村示范、万村整治”工作协调小组办公室、安吉县农业和农村工作办公室、金华市金东区农业农村工作办公室、三门县农村工作办公室、金华市标准化研究院等单位参与起草的浙江省地方标准《农村生活垃圾分类处理规范》(DB33T 2091—2018，以下简称《规范》) 于 2018 年 1 月 18 日发布，2018 年 2 月 18 日起实施。

《规范》对于农村生活垃圾处置提出了分类投放要定时、分类收集要定人、分类运输要定车、分类处理要定位的“四分四定”要求。

《规范》要求以户为单位，由农户负责按照已定的垃圾分类方法对自产垃圾进行源头分类收集。具体分类以及收集方法如下。

1. 易腐垃圾

家庭生活和生活性服务业等产生的可生物降解的有机固体废弃物。例如：家庭生活产生的易腐垃圾；乡村酒店、民宿、农家乐、餐饮店、单位食堂等集中供餐单位产生的餐厨垃圾；农贸(批) 市场、村庄集市、村庄超市产生的蔬菜瓜果垃圾、腐肉、肉碎骨、蛋壳、畜禽产品内脏等有机垃圾；村民自带回家的农作物秸秆、枯枝烂叶、谷壳、笋壳和庭园饲养动物粪便等可生物降解的有机垃圾。易腐垃圾应每日定时收运，由生活垃圾收运单位直接运输至易腐垃圾处理站；易腐垃圾应因地制宜采用机器成肥、太阳能辅助堆肥和厌氧产沼发酵等方式进行处理；集中供餐单位的餐厨垃圾由有资质的企业统一处理。

2. 可回收物

可循环使用或再生利用的废弃物品。例如：打印废纸、报纸、期刊、图书、烟花爆竹包装筒以及各种包装纸等废弃纸制品；泡沫塑料、塑料瓶、硬塑料等废塑料制品；废金属器材、易拉罐、罐头盒等废金属物；用于包装的桶、箱、瓶、坛、筐、罐、袋等废包装物；干净的旧纺织衣物和干净的各类纺织纤维废料等废旧纺织物；电视机、冰箱、洗衣机、空调、电脑、微波炉、音响、收音机、计算器、手机、打印机、电话机等废弃电器电子产品；桌、椅、沙发、床、柜等废旧家具。可回收物可由与主管部门签订购、销协议的废旧物品公司等定期收购并回收利用处置。

3. 有害垃圾

对人体健康或生态环境造成直接危害或潜在危害的家庭源危险废物。例如：家庭日常生活中产生的废弃药品及其包装物；废弃的生活用杀虫剂和消毒剂及其包装物；废油漆和溶剂及其包装物、废矿物油及其包装物；废胶片及废相纸；废荧光灯管；废温度计、血压计；废镍镉电池和氧化汞电池；电子类危险废物等。有害垃圾由生活垃圾收运单位收集后，委托具有相应危险废物经营许可证的单位进行运输，并应委托有相应危险废物经营许可证的单位进行无害化处置。

4. 其他垃圾

除易腐垃圾、可回收物、有害垃圾以外的生活垃圾。例如：不可降解一次性用品、塑料袋、卫生间废纸（卫生巾、纸尿裤）、餐巾纸、普通无汞电池、烟蒂、庭院清扫渣土等生活垃圾。其他垃圾应每日定时收运，转运至所属区域的生活垃圾焚烧厂或生活垃圾卫生填埋场进行无害化处理。

同时，为了保证垃圾分类收集制度能够在农村长期运行，《规范》还要求通过宣传教育、树立村规民约、实施奖惩措施等方式组织和引导村民开展生活垃圾源头分类减量工作。鼓励垃圾处理技术革新，利用互联网、物联网等技术，提升农村生活垃圾分类处理智能化管理水平。

2.4 农村生活垃圾分类治理经验（以浙江省为例）

2014 年初浙江省正式启动农村生活垃圾分类处理试点工作，标志着浙江省农村生活垃圾治理从“户集、村收、乡（镇）运、县处理”的传统集中处理模式向建立“分类投放、分类收集、分类运输、分类处理”的有效处理系统转变。经过五年来的不懈努力，浙江省各地围绕“最大限度地减少垃圾处置量，实现垃圾循环资源化利用”的总体目标，改革农村垃圾集中收集处置的传统方式，积极探索农村垃圾减量化、资源化、无害化处理，“分类收集、定点投放、分拣清运、回收利用、生物堆肥”等各个环节的科学规范、基本制度和有效办法，培育了一批农村生活垃圾分类处理的先行示范乡村，农村人居环境发生了翻天覆地的变化。

浙江农村生活垃圾分类处理由点到线、由线到面、由浅到深分层逐次推开，先期在全省 380 个村开展分类处理试点工作的基础上，按照因地制宜、形式多样的要求，差异化配备垃圾处理设施和选择垃圾处理技术模式（图 2-1）。

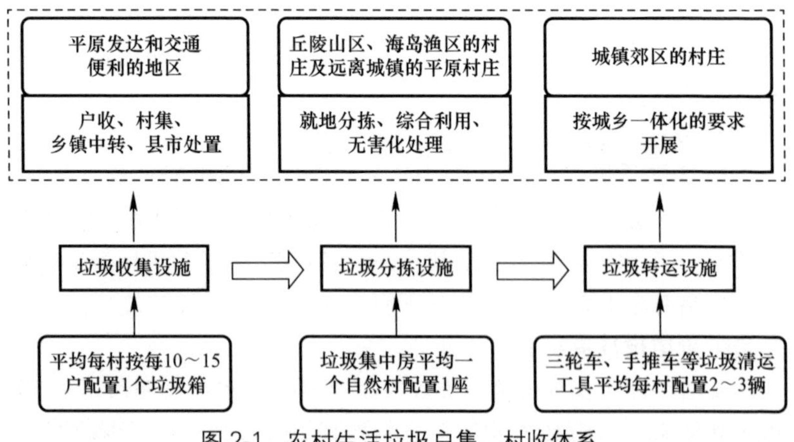

图 2-1 农村生活垃圾户集、村收体系

浙江省在农村垃圾分类方面走在了全国前列，浙江省农业和农村工作办公室的调查统计结果显示，全省在2015年已有98%的村实现了生活垃圾集中收集处理。到2017年，全省共有25697个集中收集有效处理村，11084个分类减量村以及6928个“无害化、减量化、资源化”分类处理村，分类处理村占全省建制村的41%。此外，截至2017年3月，全省拥有大型清运车1357辆，普通清运车16760辆，分类清运车15326辆；农户垃圾桶650万个，公共垃圾桶58.6万个；全省共有保洁员47123名，监督员50687名；县乡出台政策数2007件，出台村规民约村25899个；仅2016年度，省、市、县各级投入专项资金总额约25亿元。

杭州市、宁波市、湖州市、嘉兴市、金华市、衢州市等市在加强设施建设的同时，着力提升垃圾分类处理质量，由粗分转向精分实践，温州市、绍兴市、舟山市、台州市、丽水市也在不断推行农村生活垃圾分类处理“四分四定”机制，夯实垃圾分类投放、分类收集、分类运输、分类处理等基础工作。宁波市象山县、嘉兴市海盐县、湖州市德清县、湖州市安吉县、金华市金东区、金华市浦江县、衢州市江山市7个县（市、区）列入住房和城乡建设部颁布的首批百个农村生活垃圾分类示范县（《关于开展第一批农村生活垃圾分类和资源化利用示范工作的通知》（建办村函〔2017〕390号））。

开展农村生活垃圾分类不仅有效地促进了垃圾减量化、资源化利用，也使农村人居环境得到明显改善，百姓幸福感、获得感不断增强。

2.4.1 “四分四定”基本要求

浙江省地方标准《规范》对农村生活垃圾处理的基本要求是“四分四定”，即分类投放要定点、分类收集要定时、分类运输要定车、分类处理要定位。

1. 分类投放要定点

可回收物、易腐垃圾、有害垃圾、其他垃圾按照各地要求做到分类投放。一些地区采取“一次四分”模式，由农户按照四类垃圾分类投放。部分地区为提高村民接受度采取“二次四分法”，农户对“可烂/不可烂”或“干/湿”垃圾进行一次分类，村级分拣员对“不可烂/干”垃圾再次按“可卖/不可卖/有害”进行二次分类。纸类尽量叠放整齐，避免揉团；瓶罐类物品清理干净后投放；易腐垃圾做到袋装、密闭投放；玻璃类物品小心轻放，以免破损。各类别垃圾按分类标志分别投放，应注意盖好垃圾桶上盖，以免污染周围环境，滋生蚊蝇。

2. 分类收集要定时

各类别垃圾按分类标志的提示，分别收集；按村规民约或因地制宜设定收集时间，定点布桶、定时投放、定时清运、桶随车走。

3. 分类运输要定车

根据四类垃圾的不同去向进行清运，采用非垃圾压缩车直接清运方式的，应做到密闭清运，防止跑冒滴漏等二次污染环境。生活垃圾特别多的地区可以适当增加人员、车辆。

4. 分类处理要定位

所有类别的农村生活垃圾都要有归属地点处理。规划建设村内垃圾回收站（一般应与分拣场、堆肥场同点规划建设），确定专人负责。村委会可与废旧物品公司等签订可回收物收购、销售协议，定期（每半月或每月一次）到村集中收购；易腐垃圾集中堆放发酵作肥料还山还田；根据有害垃圾处理的规定，委托具有有害垃圾处理资质的企业进行处理；其他垃圾按传统模式纳入“村收集、镇中转、县处置”体系，根据垃圾特性采取焚烧或者填埋等作无害化处置。

2.4.2 农村生活垃圾分类处理工作推进机制

浙江省地形地貌复杂，山区、平原、海岛均有分布，而建设农村生活垃圾分类处理基础设施，需要大量的人力、物力、财力的投入，是一项长期、复杂而系统的工程。浙江省结合村庄空间布局、乡村人口等特征，建立了适合农村生活垃圾分类处理工作机制和体系，形成以法治为基础、政府推动、全民参与、城乡统筹、因地制宜的农村生活垃圾分类制度。

1. 建立合力推进机制

各市县领导重视，确立牵头单位，成立农办、财政、环保、规划建设、农业、水利、卫生、交通、国土资源等部门参加的农村垃圾分类小组，负责做好试点村庄选定、方案制定、项目设计、设备采购、工程监管、资金管理、竣工验收、运行管护等相关工作。乡镇（街道）是农村垃圾减量化、资源化处理试点责任主体，村两委和村民代表成立项目建设工作小组、监督小组，负责做好现场施工的统筹协调、群众发动、政策处理、现场监督、项目公示等工作。村为实施主体，具体做好施工建设及后期运维方面的有关工作。农村垃圾减量化资源化处理试点涉及范围广、环节多，各地从实际出发，部署各部门联合行动，共同推动。各级农办发挥牵头抓总作用，对农村生活垃圾处置进行全程指导。住建和行政执法部门注重城乡联动、一体推进；财政对垃圾减量化资源化处理试点予以重点扶持；国土及时报批垃圾场站建设用地；农业支持做好有机肥的利用工作；环保、规划建设、水利、卫生、交通等部门各司其职，各负其责，密切配合，主动服务，形成共同抓好试点工作的良好氛围。从2014年开始，浙江省分批分年度实施了以快速成肥资源化利用的试点村项目，各地根据规划、设计、招标、施工、监理、验收、运维等环节，努力实现建设过程规范化、标准化、专业化，目前大多数试点村建设到位、运行良好。

2. 建立各项保障制度

建立了垃圾分类制度、源头追溯制度、村民自律制度、规范投放制度、分类收集制度。具体地来说，浙江省根据垃圾分类实施要求，先后出台《关于开展农村垃圾减量化资源化处理试点的通知》（浙村建办〔2014〕17号）、《浙江省农村垃圾减量化资源化试点项目实施指南》（浙村建办〔2016〕13号）、《浙江省农村垃圾减量化资源化试点村项目竣工验收备案管理办法（试行）》（浙村建办〔2016〕16号）、《浙江省农村垃圾减量化资源化主体设施规范建设要求》（浙村建办〔2016〕36号）等文件。此外，2017年的浙江省美丽乡村示范县创建考核要求，创建美丽乡村示范县的县（市、区）要全面开展农村生活垃圾分类处理并基本实现建制村全覆盖。

3. 确定垃圾处理终端

针对浙江农村山区、海岛、平原中心村的不同特点，因地制宜，科学优选垃圾分类处理终端技术模式。城镇周边且以非农产业为主的城中村，纳入城市生活垃圾分类和收集处理系统，采用焚烧或卫生填埋处置；山区、海岛渔村及远离城镇的村庄采用微生物发酵资源化快速成肥机器、阳光堆肥房、厌氧发酵处理等方式实现农村易腐生活垃圾的就地处理，节省垃圾转运所需的大笔经费。

4. 注重宣传教育，完善村规民约

广泛开展活动，通过村民大会、入户走访、播放专题片、悬挂横幅等形式，全方位宣传发动农村垃圾治理，提高群众的文明素质，赢得群众对垃圾分类处理工作的参与和支持。把群众教育与完善村规民约、垃圾卫生管理制度和严格村庄规划建设管理有机结合起来，树立和增强群众的生态意识、环境意识和卫生意识，让广大群众自觉自愿地参与到这项活动中来。发动组织广大团员青年、少先队员，开展农村垃圾清理宣传志愿者行动，在中小学生中开展“小手拉大手”等活动，加大新闻报道和媒体曝光力度，弘扬先进典型，努力在全社会形成强大工作和舆论氛围，促进农村生活垃圾分类处理工作深入开展。定奖惩，利用“生态存折”、“积分兑换”等方式，每月对积分低的农户进行教育引导，对积分高的农户进行评比奖励，激发村民主动参与垃圾分类的自觉性和责任感。

5. 建立长效管理机制

将垃圾分类投放、收集、处理工作纳入农村基础设施长效管理工作，通过采取定期、不定期暗访督查和考核考评等形式，监督垃圾分类收集处理常态化。各镇乡（街道）、各行政村成立农村生活垃圾分类工作组织领导机构，配备管理人员，完善工作台账。制定镇、村两级监督、检查和考核制度，定期开展专项治理活动。设立专项工作经费，配套适当的考核奖励，列入年度预算，确保专款专用。

6. 确保多项治理融合效果

在保洁、收集、清运、处理、养护上做到“五统一”，把农村垃圾减量化资源化处理与正在开展的“五水共治”、农村环境综合整治、公路环境综合整治、乡村旅游、三改一拆等工作结合起来，一起部署，相互促进，共同落实，积极推动农村垃圾减量化、资源化处理。

浙江省通过几年的努力，以农村生活垃圾“户集、村收、乡镇运、县处理”为主要模式，努力向“户分类、村收集、有效处理”为主要模式转变，逐步开展就地实现垃圾减量化、资源化，有效破解了农村垃圾“旅游进城”、“垃圾围城”的问题、农村垃圾循环利用的问题、垃圾分类难题，促进了农村精神文明建设，探索了农村垃圾终端处理办法，为新时代美丽乡村建设提供了有力保障。

2.4.3　农村生活垃圾分类处理工作运行管理模式

农村生活垃圾分类处理作为乡村发展过程中的新工作，各地根据自身情况，因地制宜开展了多种模式的尝试，具体包括市场化服务外包运管、联村共建自行运管、半市场化运管、购买农村物业管理和“一把扫帚扫到底”等不同模式，都取得了不错的成效。

1. 市场化服务外包运管模式

以乡镇（街道）及以上单位为主体，将辖域内垃圾分类指导、垃圾运输、终端运行、管护均统一打包外包给专业公司运行管理。例如，衢州江山市峡口镇以每年四百余万元的价格购买服务，由第三方企业负责该镇18个村的河道保洁、道路及可视范围保洁、垃圾分类收集及清运工作。该模式形成了街道对建制村、建制村对保洁公司、街道对保洁公司、保洁公司对保洁员、保洁员对农户的“五方”考核机制，分工明确，责任清晰，能在短时间内推动农村生活垃圾分类减量资源化工作上升一个台阶。缺点是该模式投资成本大，后期运管成本也大，既要一定的村级集体经济收入保障，也需要稳定的财政投入保障。

2. 联村共建自行运管模式

以建制村及以上单位为主体，通过共享处理终端，自行运输，自行管理的方式处理农村生活垃圾。例如，宁波市象山县墙头镇下沙处理站，配备日处理量 3 吨的快速成肥机，可覆盖本村及邻近舫前村、盛王张村、孙家村等 4 个村的易腐垃圾资源化处置；海宁市盐官镇全镇 17 个行政村、4 个社区，102 个保洁员，建有一个镇级处理中心，内设 3 台日处理量 3 吨的快速成肥机器，负责全镇垃圾处理。此模式的优势是资源共享，成本相对节约。不足之处是选址相对困难，由镇村自行管理，专业化管理水平相对较低，难以及时应对机器故障等特殊状况带来的垃圾堆置问题。

3. 半市场化运管模式

以建制村及以上单位为主体，将辖域内农村生活垃圾运输、终端运行、管护均统一打包外包给专业公司运行管理，自己负责指导辖域内农户开展生活垃圾分类投放。海宁市许村镇，下辖 27 个行政村、4 个社区，户籍人口 11 万人，外来人口 11 万人，该镇花费 90 万元购买某品牌快速成肥机器一台外加该公司 5 年服务（不包括垃圾运输服务），同时将所生产的有机肥料以 3 万/年的协议价出售给该公司。浙江省长兴县林城镇，21 个行政村，户籍人口 5.8 万，该镇自行负责辖域内农户开展生活垃圾分类和集中投放，将垃圾清运和处置委托专业公司负责。此模式的优势是在保持成本相对平衡的基础上，由一支专业队伍负责垃圾的最终处置，效率更高，处理效果好，且很好地解决了有机肥料出路问题；缺点是后期的运行成本稍高，需要稳定的财政投入。

4. 购买农村物业管理模式

委托农村物业统一保洁、统一收集、统一清运、统一处理、统一养护，垃圾分类和管理由农村物业规范运行，分类处理模式按照“四分四定”收集、运输至处理地点。农村物业通过户、村、县，实现环环相扣的农村物业替代环卫清洁，不但缓解了农村环卫人员不足的问题，也解决了农村垃圾面源污染问题。2010 年，安吉洁兰物业管理有限公司进驻安吉溪龙乡，成为首个物业进农村的企业。此后，安吉县积极探索以景区的标准来管理乡村，建立了多种形式的农村物业管理新模式。如安吉县递铺街道将辖区内的35条乡道、101条村道，总里程283公里的农村道路3年养护权，面向社会上具有公路养护资质的企业进行公开招标，实行"专业外包"模式，截至目前，全县已有乡村物业近20家。2017年，安吉县成立了农村物业管理协会，逐步探索农村物业的规范化管理，农村物业可以涉及日常保洁、园林绿化、文体设施保养、基础设施管护、道路养护等多项工作。随着农村居住区的逐步集中，开展保安服务、卫生保洁、家用设施维修等工作的农村物业模式形成了巨大的市场。

5. "一把扫帚扫到底"模式

德清县根据自身城乡一体化水平较高的特点，创新建立了"一把扫帚扫到底"的管理体制，成立德清县城乡环卫管理一体化工作领导小组，将全县范围内的12个集镇、151个行政村、1211条河道、1093公里道路的环卫保洁、垃圾清运、公厕管理和2193万平方米的绿化养护管理，全部委托行政执法局主管的县城乡环卫发展有限公司统一管理，统一环境卫生管理主体、作业范围，实现了清扫保洁全域覆盖和城乡全天候保洁。同时，统一环境卫生清扫保洁标准，城乡同标准、同要求；统一环境卫生垃圾处理收费主体。这种模式将分散在各部门的环卫职能集中到城管部门，实行城乡环境管理一体化，既提高了环卫作业的效率，又促使农村环境干净整洁，有效破解了在城乡环境卫生管理过程中长期存在的权责不清、管理缺位等突出问题；缺点在于需要较高的城乡一体化基础和稳定的财政投入，如何在全国广大农村地区全面推广尚需进一步探索。

2.4.4　农村生活垃圾分类治理的"金华模式"

浙江省金华市金东区是全国首批100个垃圾分类示范县（区）之一，金东区澧浦镇自2014年5月开始垃圾分类试点以来，不断在全区范围内实施推广垃圾分类工作，实现垃圾分类工作全覆盖，各乡镇街道、行政村积极探索，勇于创新，摸索出了一系列有关推进垃圾分类、完善垃圾分类考核的好办法、好措施。

金东区采用“二次四分法”施行垃圾分类，通过“一四五六”即“一个模式、四个会、五个一、六项制度”工作法不断夯实基础，加强垃圾分类工作的长效管理，推进金东区农村生活垃圾分类工作规范化，创新建立国内首家农村生活垃圾分类艺术馆，延长垃圾分类成果转化产业链，构建了农村生活垃圾治理的完整体系。2016年12月22日，住房和城乡建设部下发《关于推广金华市农村生活垃圾分类和资源化利用经验的通知》，要求各省（区、市）学习借鉴金华经验。

1. “两次四分”的分类模式

由农户按能否腐烂为标准，对垃圾进行一次分类，即分成“会烂”和“不会烂”两类；村保洁员在分类收集各户垃圾的基础上，进行二次分类，对不会烂垃圾以可否回收为标准分为“好卖”与“不好卖”两类，会烂垃圾就地进入阳光堆肥房，好卖垃圾由可再生资源公司回收，不好卖垃圾按原模式经乡镇转运后由县（市、区）统一处理。

2. “四个会”、“五个一”夯实基础

开好“四个会”，分别是两委会、党员村民代表会、户主会和女户主会，落实分类处置效果。具体如下：

（1）村两委会：每月要对垃圾分类工作进行一次总结和部署，研究和解决推进过程中存在的困难和问题，实施对垃圾分类工作的常态化、持续化管理；

（2）党员村民代表大会：每半年召开一次，通过完善村规民约，彰显村民自治，建设美丽乡村；

（3）户主会议：每年召开一次户主会议，签订新门前三包制度，普及垃圾分类知识，推进责任意识的落实；

（4）召开好家庭妇女会议：充分依靠村妇代会作用，每年至少召开二次家庭妇女会议，深化美丽家庭评比，拓展美丽家庭内涵。

做好“五个一工作”，即一组分类垃圾桶、一块广告宣传栏、一辆垃圾分类车、一个垃圾分拣员、一座阳光堆肥房。具体如下：

（1）垃圾分类桶：以选择40L垃圾分类桶或2只单体30L的

垃圾分类桶为宜；按照国家垃圾分类桶颜色选配，会烂垃圾桶为绿色，不会烂垃圾桶为灰色或者黄色，不可混乱使用；垃圾分类桶要有序号和“会烂垃圾”“不会烂垃圾”字样，便于户主使用和考核登记；垃圾分类桶要保持干净整洁，有序摆放；购买垃圾分类桶要注重质量，特别要具备防冻、抗紫外线、防粘的特性；

（2）广告宣传栏：周围设置有害垃圾收集点，每年对广告宣传栏进行维护；

（3）垃圾分类车：开展垃圾分类的行政村必须配备垃圾分类车，垃圾车上应统一标注“会烂垃圾”和“不会烂垃圾”字样；

（4）垃圾分拣员：垃圾分拣员的工作职责可概括为“五员”，即：垃圾分类的宣传员、垃圾分类的监督员、垃圾分类的分拣员、垃圾分类工作的管理维护员和阳光堆肥房的卫生保洁员。各乡镇（街道）选择责任心强、素质好、身体健康的人员担任垃圾分拣员工作，并保持稳定性，避免随意更换。对垃圾分拣员每年进行业务培训，购买人身意外伤害保险，并对垃圾分拣工作进行绩效考核和评比；

（5）阳光堆肥房：按照“整洁、生态、协调、经济”的要求加强管护；完善落实房长制，落实堆肥房运行情况统计；定期检查阳光堆肥房灭蝇除臭、使用微生物菌种和温度湿度控制等情况，确保堆肥效果；适时组织阳光堆肥房出肥，用于附近的农作物种植，真正实现垃圾的无害化处理与二次利用。

3. “六项制度”长效管理

（1）金东区垃圾分类工作专项考核制度：区政府成立垃圾分类工作考核小组，对乡镇垃圾分类工作开展情况进行全面考核，考核以明暗两种方式相结合，发现重大问题以督办单形式进行督办，限时整改、回复，同时聘请社会媒体、社会人士和一些德高望重离退休干部进行一并监督。

（2）乡镇考核评比制度：乡镇成立农村生活垃圾分类工作考评小组，并制定本镇农村垃圾分类工作考核评比细则，每周对垃圾分类工作进行检查评比。

（3）村级分拣员评优制度：各行政村每月要评出 10%～15%

优秀分拣员，分拣员工资分为基本工资和考核工资，考核工资至少每月 500～800 元。各乡镇街道每月对优秀分拣员进行表彰。

(4) 垃圾收费制度：为增强农户的责任意识，保证垃圾管理规范有序，建立垃圾收费制度。该制度以人为单位，每年向村集体交纳保洁费 15～30 元/人，困难户、低保户免收（具体标准由行政村确定，党员代表大会通过，并写入村规民约），收取的保洁费用于垃圾分类奖励开支，并做到专款专用，以提高村民参与垃圾分类的积极性。

(5) 环境卫生“荣辱榜”制度：为鼓励先进、鞭策后进，对农户进行打分评比，设立垃圾分类“荣辱榜”，每月每村评出先进户 3～10 户、促进户（后进户）3～5 户，在村显著位置进行张榜公布，接受村民监督，并对获得表扬的农户给予每户每次 10～15 元左右的物质奖励，费用从区农办专项经费中列支。

(6) 网格化管理制度：开展“镇、村、片、组、户”五级联创为内容的网格化管理制度。各镇成立领导小组，下设办公室组织专项考核，各行政村由“联村干部、书记、主任、村监委主任”为总负责人，每个行政村为 1 个网格单元，1 个网格单元因地制宜划分若干区块，村三委成员为各区块负责人，每个区块下设若干网格小组，每个网格小组由 1～2 村民小组或若干农户组成；所有党员、妇女代表按照就近、方便、区域化管理的原则纳入各网格小组，每个党员、妇女代表分别联系 3～5 户农户，负责垃圾分类政策宣传、工作指导、巡查监督和考核评比工作；将网格化结构和干部姓名、联系电话、主要职责在村明显位置进行公示挂牌，以便于监督管理。

4. 建设农村垃圾分类艺术馆

为更好地巩固农村垃圾分类工作，更高层次地提升垃圾分类水平，金华市金东区创新性地建设了全国首个以垃圾分类为主题的艺术展馆（图 2-2、图 2-3）。

金华农村垃圾分类艺术馆位于金东区江东镇六角塘村，艺术馆由展馆、培训室、接待室和室外互动区组成。展馆内设置了“垃圾之殇”、“完美蝶变”和“精彩互动”三大区块，不仅展示了垃圾的危害、垃圾分类的“金东经验”和“金华模式”，还分享了全国、全球各地的垃圾分类成功经验。农村垃圾分类艺术馆的设立为宣传好、推广好“金东经验”、“金华模式”提供新窗口，也为社会各界参与垃圾分类搭建了新平台。

图 2-2　金华农村垃圾分类艺术馆

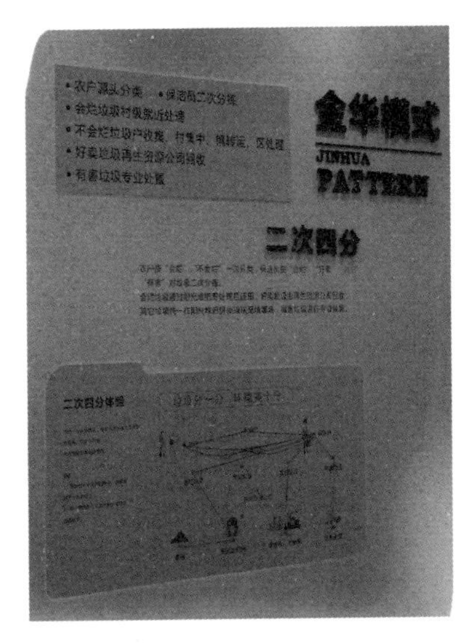

图 2-3　“金华模式”与“金东经验”

下篇　农村易腐生活垃圾的处理工艺

目前，安全填埋与焚烧是我国处理城市生活垃圾的主要方式。根据住房和城乡建设部发布的《“十二五”全国城镇生活垃圾处理主要指标实现情况》统计数据，2015年，填埋处理占全国城镇生活垃圾处理总量的66%，焚烧处理占31%，其他处理方式仅占3%。而在人口密度较大、土地资源紧缺的地区，生活垃圾填埋处理与土地资源紧缺的矛盾日益尖锐，根据《“十三五”全国城镇生活垃圾无害化处理设施建设规划》目标，到2020年，焚烧处理在城镇生活垃圾处理中的占比将增加至54%。

农村生活垃圾的治理不能照搬城市的垃圾治理模式。相较于城市地区，农村地区的垃圾产生源更加分散，垃圾收运成本高，城市生活垃圾统一收运处理的模式在很多农村地区并不适用。针对许多农村地区无能力提供垃圾收集处理服务的现状，为解决农村生活垃圾产生源点多、布局分散、不利于集中处理的问题，我们必须建立与农村生活垃圾分类收运模式相适应的垃圾分类处理技术，形成农村生活垃圾的“闭环治理”体系。

农村易腐生活垃圾中有机质组分高，采用堆肥、厌氧发酵、热处理、黑水虻生物转化等方式不仅可以实现农村易腐生活垃圾的就地处理，节省垃圾转运所需的大笔经费，还可以将有机固体废物转化为肥料和能源，更好地实现农村生活垃圾的资源化；农村易腐生活垃圾还可以单独或协同园林、农业废弃物进行热处理，产物可制气、制油或制炭；农村生活垃圾中的其他垃圾宜采用焚烧处理，不仅减量化明显，而且焚烧过程中释放的热量可经吸收或转化，用于供热或发电。

因地制宜地选择农村生活垃圾分类处理技术是构建农村生活垃圾治理体系的重要环节，对改善我国农村人居环境，促进农村地区的建设发展具有十分重要的意义。

第 3 章　易腐垃圾好氧堆肥技术

堆肥处理技术是最为常见的有机废物（易腐垃圾）生物降解方法。经过堆肥处理的生活垃圾基本失去生物可降解性，达到稳定化；堆肥过程可以利用高温杀灭致病微生物、有害生物卵和杂草种子，从而使生活垃圾达到卫生无害化；堆肥产物可作为有机肥料，施用后对土壤性质及植物生长均无负面作用。

堆肥处理过程中的转化物质主要是可生物降解的有机物。分流生活垃圾中的可堆肥垃圾有两种途径，一是源头分类收集，二是混合收集后人工—机械分选。根据国内外的经验，一般源头分类收集的可堆肥垃圾适宜于产出适合土地利用的堆肥产物；而混合收集经人工—机械分选后堆肥的产物，成分复杂，容易沾染污染物，通常不适宜按堆肥处置利用。同时，人工—机械分选必然会显著增加处理成本，并不适合在我国农村应用。为此，本章后续仅考虑源头分类可堆肥垃圾的堆肥处理。

3.1　堆肥处理技术原理

堆肥处理技术方法众多，一般可分为兼氧沤肥和好氧堆肥两类。

3.1.1　兼氧沤肥

沤肥方法不强调完全有氧，一般不采用强制通风与翻堆方法，而是通过强化自然通风方法，使堆肥环境处于兼性有氧状态。在相对较长的堆肥周期内，兼氧沤肥工艺可以通过简化工艺条件，达到与好氧堆肥相近的处理效果。

兼氧沤肥法的典型应用模式为利用太阳能进行辅助堆肥的阳光堆肥房，由于其投资建设成本以及运行维护成本低，目前已在全国许多农村地区得到应用。

3.1.2 好氧堆肥

考虑到兼氧沤肥成肥时间长、冬季运行受到影响等问题，好氧堆肥技术越来越多地被应用到农村易腐生活垃圾处理中，代表模式包括好氧堆肥仓和快速成肥机。

好氧堆肥的原理是在有氧条件下，好氧微生物将易腐垃圾作为氧化分解底物，通过自身的代谢活动，把一部分被吸收的有机物氧化成简单的无机物（CO_2、H_2O、NH_3、PO_4^{3-}、SO_4^{2-} 等），同时释放出微生物生长活动所需的能量，将另一部分有机物用来合成新的细胞质，从而使微生物不断生长繁殖。好氧堆肥技术的基本原理如图 3-1 所示。

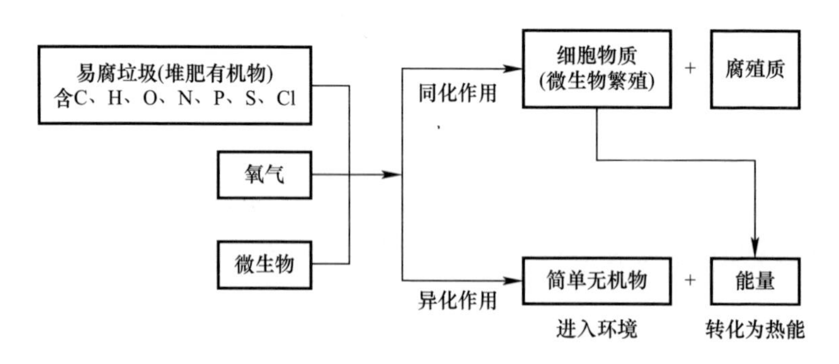

图 3-1 好氧堆肥基本原理图

如图 3-2 所示，好氧堆肥过程可以根据堆体温度变化分为三个阶段：升温阶段（也称作中温阶段，温度<50℃）、高温阶段（50～70℃）以及降温阶段（<50℃）。在升温阶段，嗜温性微生物分解利用堆肥中最容易分解的可溶性物质（淀粉、糖类等），并释放热量，使堆温上升；在高温阶段，嗜热性微生物逐渐成为优势菌种，代替嗜温性微生物的活动，复杂的有机化合物（蛋白质、木质素、纤维素等）开始被强烈分解，同时，在此阶段堆肥底料中的病原菌被高温杀死；当高温持续一段时间后，易分解有机物质（包括纤维素类）已大部分被分解，微生物活性下降，堆温降低，堆肥过程进入降温阶段，嗜温性微生物重新占优，腐殖质不断增多且稳定化；堆肥周期结束后，堆肥产物可作为有机肥料施用于农田。

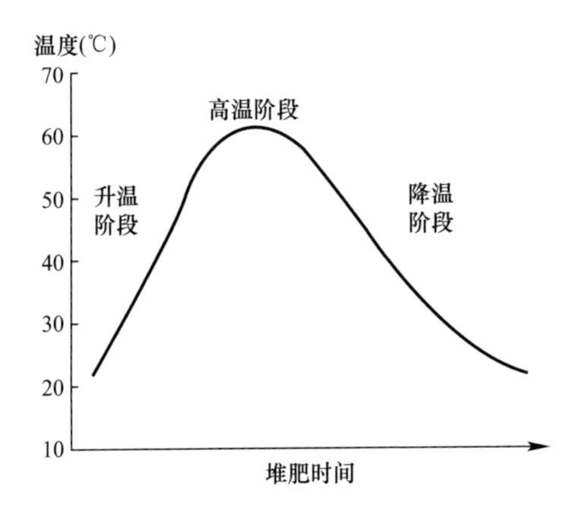

图 3-2　堆肥过程中堆体的温度变化示意图

3.1.3　堆肥处理影响因素

1. 温度

温度是影响好氧堆肥过程有机物降解反应速率的一个关键因素，是堆肥微生物活动情况的表观体现。堆体能否快速升温并维持一定时间的高温阶段，是判断堆肥是否顺利进行的直观标准。生活垃圾中往往含有大量致病微生物，堆体温度只有达到一定的要求才能杀死这些病原菌；此外，不同温度下堆体中有不同的优势微生物，为保证有机物被最大程度降解，必须保证堆体温度的阶段性变化。因此，堆肥温度与堆肥成败密切相关，对于其他过程参数的控制，也要以确保堆体可快速升温、维持适当高温以及堆温可以顺利下降为前提。

一般认为，堆肥过程高温阶段的温度控制在 45～60℃ 的范围内最佳，这也是嗜热微生物的最适生长温度。温度过低不仅无法杀死病原菌，使成肥达不到安全无害化要求，而且会大大延长处理周期，影响堆肥质量。而温度太高又会抑制微生物和有关酶的活性，当温度超过 60℃ 时，微生物生长就会开始受到抑制，达到 65℃ 以上时放线菌等有益细菌将彻底停止活动，进入孢子形成阶段甚至被杀灭，同时也要考虑到堆肥产品作为植物肥料的作用，过度降解有机质会影响产品质量。

2. 含水率

含水率是堆肥系统中另一个关键要素，由于微生物大都缺乏保水机制，所以堆肥系统对水分较为敏感。水分在堆肥过程中的作用主要表现在两个方面：一是溶解有机营养物质，通常有机物吸水后会软化、利于分解，从而为微生物新陈代谢提供能量；二是依靠蒸发作用散热，调节堆体的温度环境。维持堆体中的水分在适当的范围内，对于整个堆肥过程的正常运行有着重要意义：当含水率过低时，会影响液膜的形成，造成微生物活动受到限制，有机物分解过程缓慢，影响堆肥速度；当含水率过高时，会堵塞堆体物料间隙，引起物料压实度增加，影响堆体通透性，导致氧气的供给不足，从而容易出现局部厌氧的现象，此外，堆肥过程产生的热量很大一部分要用于水分的蒸发，含水率过高将致使堆体出现升温缓慢的现象。一般认为，堆体的初始含水率维持在40%～70%的范围内较好，其中以50%～60%最为适宜。

3. 供氧量

好氧堆肥过程中微生物的生长和代谢活动需要充足的氧气，一般要求堆体最低氧含量不小于8%。适时适量地为堆体供氧是保证好氧堆肥顺利进行的重要前提。通风是供氧的主要实现形式，可为堆体内微生物提供有氧环境，提高有机质的降解效率，防止厌氧环境的产生。除此之外，通风对堆肥的其他影响还表现在：（1）通过通风带走一部分热量来维持堆体温度的稳定，避免长时间高温对微生物产生不利影响；（2）去除堆肥过程中积累的多余水分，降低堆体含水率，实现堆肥系统内部水、气两相的动态平衡，并达到促进减重的效果。在实际生产运行过程中，自然通风、定期翻堆、被动通风和强制通风这四种通风形式最为常见，其中强制通风效果最优。

4. pH 值

pH 值主要影响堆肥中的微生物活性和氮元素含量。pH 值对氮元素的影响主要体现在显著影响 NH_3 的排放规律上，NH_3 在碱性条件下释放量较大，因此 pH 值过高会造成氮素损失。一般认为，堆肥系统在 pH 值处于 3～12 的范围时均可正常运行，但考虑到微生物的最适宜生长环境为中性或者弱碱性，当pH值在7.5～8.5时，堆肥有机质的降解速率可以达到最大。对于易腐生活垃圾堆肥而言，由于堆体本身有一定的缓冲作用，通常没有必要对堆肥pH值进行调节。

5. 有机质含量

堆肥物料中的有机质含量过高或过低均会影响堆肥效果：有机质含量偏低不能满足微生物生长的能源需求，且产热量有限，难以达到无害化要求。而过高的有机质含量则对堆肥环境的氧气条件提出了较高要求，不但会增加动力消耗，还可能引起局部厌氧、产生臭气。好氧堆肥的有机质含量一般在20%～80%为宜，通常农村生活垃圾中的有机质含量都可以满足堆肥处理的要求，但若要提高处理效率或进行一些针对性试验等，可尝试添加适量锯末、作物秸秆、菇渣等调理剂加以调控和平衡。

6. 碳氮比（C/N）

C/N用于描述物料中碳、氮元素的配比水平，是堆肥中一个重要的物料参数。碳素可为微生物的生长提供能源，氮素可用于蛋白质的合成，碳氮元素的配比则会影响微生物分解有机物的速率。C/N低于20时，物料中的氮容易以氨的形式挥发，导致氮素的大量损失，影响堆肥产品的肥效；C/N高于35时，氮素的相对缺乏会使微生物的生命活动受限，降解效率变低，堆肥周期变长，且堆肥产品施用后会使土壤陷入“氮饥饿”的状态，影响植物的生长以及作物的产量；而当C/N超过50时，堆肥进程会表现出非常缓慢的态势。国内外学者在研究过程中，普遍认为堆体初始C/N在25～35的范围内为最佳。

7. 外源微生物添加

由于堆肥初期土著微生物的数量较少，需要一定的时间生长才能大量繁殖，因此为缩短发酵周期、提高堆肥效率，堆肥过程中，一般通过接种外源微生物来加快堆肥进程、提高堆肥效率和堆肥产品质量。

加入外源微生物的主要目的是增加微生物数量、调节微生物群落结构，有利于堆肥升温期脱氢酶和纤维素酶活性增加，促进堆肥的氧化还原反应和纤维素分解。此外，研究发现，在堆肥过程中接种外源微生物还会影响包括温度、pH 值、含水率、C/N 等在内的堆肥过程参数的变化，从而对堆肥进程产生间接影响。

常见的接种微生物菌剂包括纤维素分解菌、木质素分解菌、霉菌等耐高温微生物菌剂，也包括可以调控堆肥过程中的碳氮代谢、减少氮素以氨气的形态挥发的固氮菌。一般情况下，接种单一菌种的堆肥效果并不理想，而接种复合菌剂（2 种以上菌种）能够使微生物之间形成一种协同关系，构建一个更加复杂和稳定的微生物生态系统。微生物菌剂的接种量按照接种菌剂占堆体质量的百分比添加，一般情况下添加比例为 0.05%～5%。

3.2 堆肥处理技术工艺流程

堆肥处理的工艺流程在不同应用模式间具有差异性，但大体上可如图 3-3 所示。

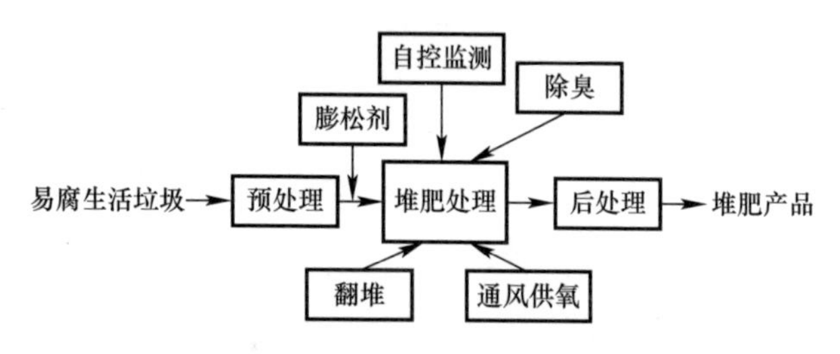

图 3-3　农村易腐生活垃圾堆肥处理工艺流程图

1. 预处理

堆肥预处理通常包括分选、破碎、筛分和混合等工序，主要目的是去除非可腐物料（石块、金属、塑料等），这些物料在堆肥过程中不仅会降低有效容积，还会使堆肥产物不易达到无害化要求。另外，还可以视情况在生活垃圾中添加膨松剂或调理剂以改善堆肥底料质量。

2. 堆肥过程

生活垃圾的堆肥过程一般在发酵仓内进行，也可露天堆积，通过强制通风或翻堆供氧，依靠自动化控制系统实时监测和调节堆肥环境。堆体经过升温、高温、降温三个阶段，最后达到腐熟。因微生物的分解，堆肥过程中必然有臭味产生，可以用化学除臭剂、活性炭等进行除臭工作。

3. 堆肥产物后处理及腐熟度评价

虽然在堆肥处理前有预处理步骤，但无法保证塑料、玻璃、金属类物质被完全去除，因此对于腐熟的堆肥产物，还需要经过振动筛和磁选机等设备进行分离处理。此外，根据商业化成肥的粒径和营养元素（N、P、K）要求，也可以对堆肥产物进行调整优化。

腐熟度作为国际上公认的衡量堆肥反应进程的概念性参数，是评估堆肥产品质量重要依据，国内外学者一般用物理性、化学性和生物性三类指标对腐熟度进行判定和研究。

物理学指标随堆肥过程的变化比较直观，主要包括气味、色度、粒度和电导率：

（1）气味：通常情况下，各种堆肥原料都会不同程度地产生恶臭气体，但会随着堆肥的进行逐渐减弱乃至消失，不再吸引蚊蝇，此时腐熟状况较好。

（2）色度：一般堆肥过程中堆料逐渐变黑，直到呈深褐色或黑色，表现出腐熟的状态。

（3）粒度：腐熟堆肥产品呈现疏松的团粒结构。

（4）电导率：电导率超过 4mS/cm 会抑制作物生长。

化学指标通常包括 pH 值、C/N、NH_4^+-N 和 NH_4^+-N/(NO_2^- + NO_3^-)：

（1）pH 值：腐熟的堆肥一般呈弱碱性，pH 值为 8～9；

（2）C/N：固相碳氮比是评价堆肥腐熟度最常用的指标之一，但不适用于初始物料 C/N 低于 16 的堆体，理论上腐熟堆肥的 C/N 应趋向于微生物体内的 C/N，即维持在 16 左右，但一般认为堆肥物料的 C/N 降到 20 以下即可作为堆肥腐熟的标志。

（3）NH_4^+-N：堆肥过程中常伴随着明显的氨化和硝化作用，可将铵态氮作为判断腐熟的参数，当物料中铵态氮的浓度低于400mg/kg时，可认定堆肥已达腐熟；

（4）NH_4^+-N/(NO_2^-+NO_3^-)：铵盐、亚硝酸盐和硝酸盐在堆肥过程中存在一定的转化规律，它们之间的相对关系可作为评价堆肥腐熟度简单而有力的参考依据。一般认为，腐熟堆肥中NH_4^+-N/(NO_2^-+NO_3^-)<3。

生物学指标主要指种子发芽率（GI）。种子发芽试验不受堆肥物料的影响，可直观反应堆肥对植物的毒性，且操作测定简便。考虑到堆肥腐熟度的实用意义，种子发芽试验被认为是评价堆肥腐熟度最具说服力的方法。根据国内外学者的研究结果，一般认为腐熟堆肥的种子发芽率应大于80%。

不同模式的堆肥处理技术在工艺运行、管理维护、投资成本等方面均有较大差异。下面就阳光堆肥房、好氧堆肥仓以及快速成肥机各自的工艺特征展开阐述。

3.2.1 阳光堆肥房

阳光堆肥房是构筑物式的堆肥（沤肥）方法。阳光房截面基本为正方形，高度与边长接近，顶部向阳方向设置玻璃透光斜面（约占顶部面积的1/2），起到“暖房”的作用；同时，阳光房顶部设有垃圾倾倒口用于进料，底部侧面开有出料门，可用于人工出料，具体结构如图3-4所示。阳光房采用每日连续进料，一次性集中出料的操作方式。运行时，先每日进料集中填入一个仓室；填满后，再填充另一个仓室；然后，回填前一个仓室（因生物降解沉降形成了新的可填空间）。如此循环，直至一个仓室达到处理周期后出料，然后再重新填入。

阳光堆肥房属于兼氧沤肥，一般不采用强制通风与翻堆方法，而通过强化自然通风方法，使堆肥环境处于兼性有氧状态，在相对较长的堆肥周期内，达到与好氧堆肥相近的处理效果。典型的农村易腐垃圾阳光房堆肥处理工艺流程如图3-5所示：

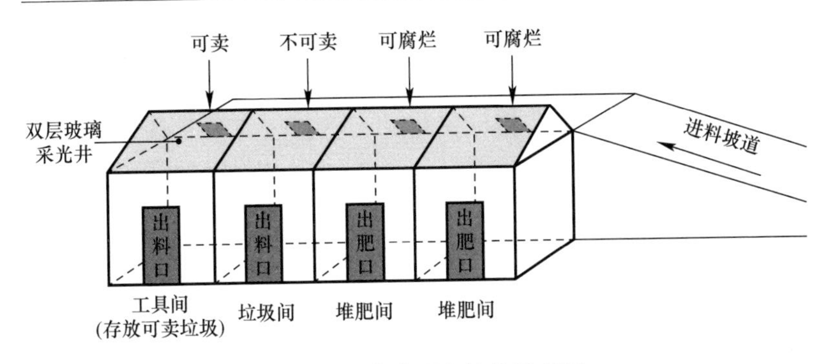

图3-4 阳光堆肥房结构示意图

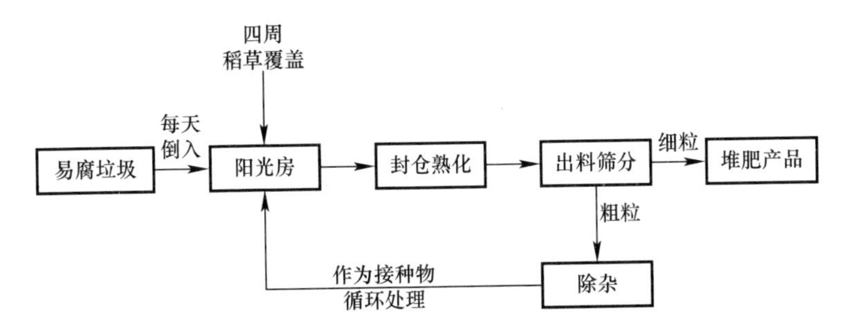

图3-5 阳光堆肥房工艺流程示意图

阳光房内的无动力通风方式是通过控制排气管及进气管的开启、关闭实现的：室内高温空气上升通过排气管排出，室外相对低温空气通过进气管口进入阳光房内，并通过布气管向物料堆体扩散，形成室内外气流，从而保持阳光房内的兼氧环境。此外，可根据堆肥产品的质量要求，适量地向阳光房内投加微生物菌剂，例如在图3-5的流程中，就将出料中的粗粒部分用作接种物循环堆肥，从而达到缩短发酵周期、提升堆肥品质的目的。

由于工艺简单、管理方便，阳光堆肥房在农村地区被广泛应用，但其使用过程中也存在一些问题，如缺乏良好的通风、堆体透气性差、缺乏相应的二次污染控制措施、处理周期较长等。为解决上述问题，许多新型构造的阳光堆肥房相继被设计应用，如在阳光堆肥房内布置通风供热管网系统并设置搅拌装置，可以为堆置于堆肥房内的物料供氧供热，以促进好氧微生物呼吸代谢，加速物料升温与腐熟，同时避免物料因积水而造成厌氧条件导致恶臭的产生；堆肥房内顶上设发酵助剂或渗滤液回流喷淋装置，为物料补充发酵所需的微生物；为进一步降低能耗，还可以利用太阳能为通风供热管网、搅拌装置及喷淋装置提供运行动力。

3.2.2 好氧堆肥仓

针对阳光堆肥房通风效果差、成肥周期长等不足，好氧堆肥仓技术以强制通风、保温、定期翻堆等手段，促进堆肥过程的快速进行。

好氧堆肥仓工艺所含的构筑物包括预处理系统、堆肥仓、电控室、渗滤液处理池等。预处理系统中设有用于粉碎垃圾的撕碎机和用于控制含水率的压榨机，将分类后的易腐垃圾进行撕碎压榨后，控制含水率在50%～70%，与微生物菌种接种混合，用铲车将垃圾运送至仓内进行堆肥。堆肥仓配套有加热器和风机，风机将由加热器加热后的热空气吹入堆肥仓底部，在通风的同时确保堆体温度稳定。堆肥仓顶部设置排气系统，与加热风机耦联，在通风的同时实现除臭和排湿。堆肥过程中，以温湿度为指标，实现过程监控和智能自动控制，同时通过阶段翻堆、通风曝气和温度保持等手段，控制垃圾的含水率和腐熟程度，实现垃圾的快速腐熟成肥。待垃圾堆肥腐熟后，可将成品肥铲出，用粉碎机处理后包装成袋，用于土壤改良和农业种植。该工艺的主要工作流程示范图见图3-6～图3-8。

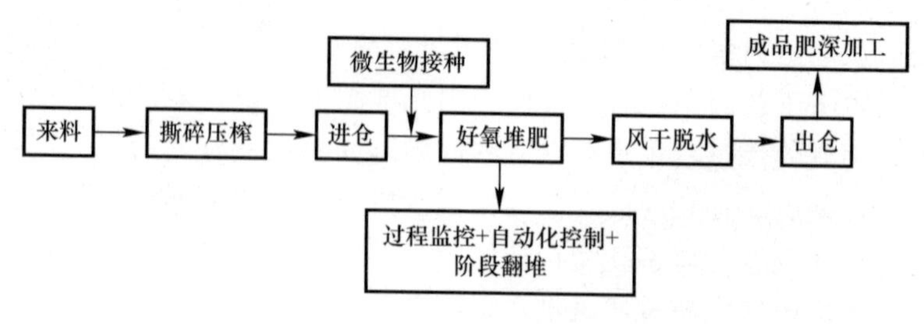

图3-6 好氧堆肥仓工艺流程示意图

图 3-7　好氧堆肥图

图 3-8　太阳能采光和辅助加热装置

相对于阳光堆肥房，该工艺通过预处理系统的粉碎和压榨，降低了垃圾的粒径和含水率。同时，通过加热器及加热风机的曝气加热，提高堆肥仓内的温度及氧气含量，进而提高微生物的垃圾降解效率，与阳光堆肥房相比具有明显的优势。

3.2.3 快速成肥机

传统堆肥工艺中，可以分为条垛式堆肥和机器成肥两种模式，阳光堆肥房和好氧堆肥仓都是来源于条垛式堆肥。而在土地面积紧缺、并希望提高成肥速度的地区，快速成肥机成为了一种比较常用的模式。该模式通过破碎、发酵，快速处置农村生活垃圾，实现快速成肥，减量化、资源化效果明显，一般减量率可达到80%以上。

快速成肥机中的工艺可以分为预处理和好氧发酵两部分。

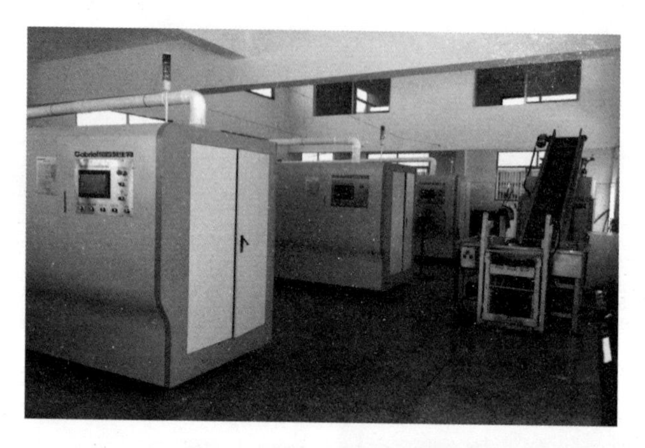

图 3-9 快速成肥机外观图

1. 预处理

生活垃圾首先自动提升至垃圾分拣台，而后经固液分离工序，由轨道传输至剪切破碎装置和螺旋挤压脱水装置进行压榨脱水，降低物料的含水率，进入好氧发酵处理。

2. 好氧发酵

快速成肥机好氧发酵的主体构造为配置搅拌桨叶的卧式筒体。

筒体通过壁面加热使处理原料维持在指定温度，热源一般为电能，也有部分企业采用导热油炉或者太阳能辅助加热。同时，筒体内配有引风装置，配合桨叶搅拌对堆肥物料进行通风供氧。

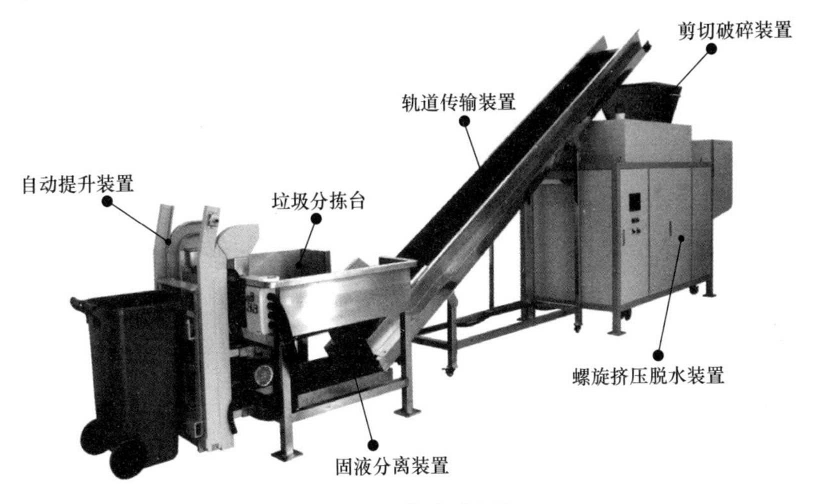

图3-10　快速成肥机

快速成肥机在垃圾处理过程中，首先利用自动升降装置将垃圾桶提升到主机进料口，由液压翻斗将垃圾桶翻转，使得垃圾倒入主机发酵仓中。而后，主机与减速电机通过链条和链轮相连，链条带动搅拌主轴和搅拌臂进行正反运转，对堆肥物料进行搅拌处理。在此过程中，主机发酵仓通过电加热、油浴传导或隔热保温层等加热方式，维持仓内适宜的发酵温度，并通过程序控制风机自动运转增氧，同时将发酵臭气收集到除臭设施中。在运行过程中，操作人员通常会根据发酵效果添加适宜的微生物菌剂。一方面，成肥机可为微生物提供适宜的繁殖和发酵环境（包括温度、氧气、湿度等）；另一方面，微生物菌剂可以加速成肥机内的易腐生活垃圾有机物发酵分解，将易腐垃圾转变为热能、二氧化碳、水以及小分子有机物质，所得腐熟产物还可作为生产有机肥料的原料，进行综合利用。

按处理能力的不同，快速成肥机的筒体直径大致在1.2～2.0m，筒体长径比约为3。目前，我国生产的快速成肥机大多配有机械化进出料装置，单台处理能力在每日数百千克至5吨之间（图3-11）。

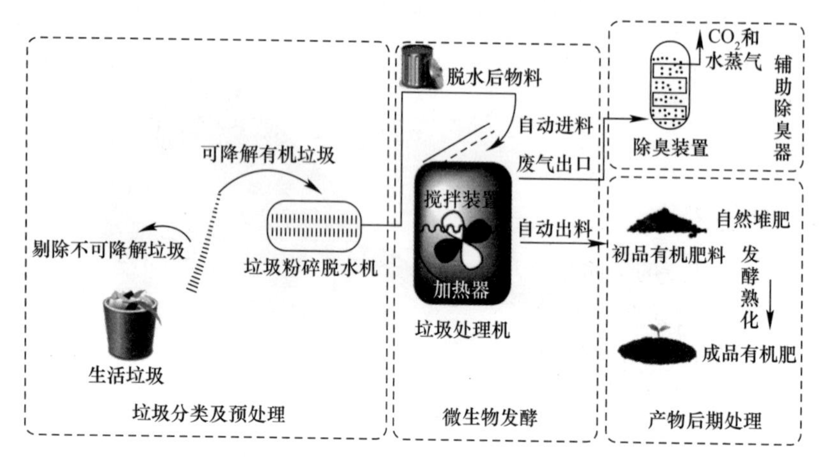

图3-11　快速成肥机总体工艺流程图

3.3　堆肥处理工艺的运行与管理

3.3.1　阳光堆肥房

1. 阳光堆肥房的选址与设计

根据浙江省杭州市地方标准《农村生活垃圾阳光房处理技术与管理规范》DB 3301/T 0261—2018，阳光堆肥房的选址和设计可以参照以下规定进行：

（1）选址原则

1）统筹服务区域，结合已建或拟建的垃圾处理设施，合理布局。

2）场址要求地形平坦，地势稍高，利于排水，交通便捷。

3）场址不得占用永久基本农田，应远离居民区与饮用水源。

（2）设计原则

1）设施规模宜根据服务区域和农村生活垃圾产生量确定，生活垃圾产生量应根据实际调查数据确定或按人均日产生量进行估算。阳光房处理设施的建设规模可参考表 3-1 要求。

阳光堆肥房处理设施的建设规模 **表 3-1**

处理规模（t/d）	参考人口规模（人）	参考用地面积（m²）
<0.5	<1200	<60
0.5～1	1000～2500	60～100
1～2	2000～4500	100～150
>2	>4000	>150

2）站点的平面布局应充分利用原有地形地势，在保证建筑物具有合理的朝向、满足采光和通风要求的前提下，尽量使建筑物长轴沿等高线布置。

3）处理单元组成、材料要求与布置方式应满足表 3-2 要求。

阳光堆肥房处理单元 **表 3-2**

处理单元组成	材料选用与布置方式
主体建筑	宜采用砖混或钢混结构
墙壁	宜采用砖混或钢混结构外墙，墙壁厚度应不小于 200mm，内墙墙壁厚度应不小于 100mm，内墙面应采用光滑、便于清洗的材料
顶板	应确保不积水，宜铺砌保温防渗材料
地坪	坡度宜不低于 4%以便于渗滤液收集
门	应具有良好的密封性能，宜选用具有隔热保温防腐性能材料，底部应与地坪齐平，采用动态堆肥的应设置观察窗
顶部玻璃	宜采用双层钢化玻璃，坡度宜不小于 4%
渗滤液收集	可采用管道或收集槽导排收集
进气	采用强制通风的，应在地坪铺设曝气管网
排气	应设置排气管，排气口位置应高于物料堆层限高 100mm 以上
测温	宜配置测温装置
搅拌	动态堆肥应配置机械搅拌装置，机械运转情况应可视

2. 阳光堆肥房的运行和安全管理

根据浙江省地方标准《农村生活垃圾分类处理规范》DB 33/T 2030—2018 要求，阳光堆肥房应根据垃圾日处理量合理设置单室体积，尽量保证密封性良好，同时具有保温作用，并配备污水收集或污水和恶臭污染物达标排放处理系统。阳光堆肥房应实行全封闭管理，定期清理、灭虫及灭菌，保持卫生整洁。对于多村合建或有2个以上垃圾分拣员的，要科学共同使用堆肥房，避免无过渡空间，有条件的村可结合自然、生态特点及村庄人文要素，对阳光堆肥房进行景观改造。运行管理需做好台账记录，记录垃圾处理量、肥料产出量、辅助材料添加量、成肥外销量、用水用电情况等信息。

有条件的村庄可以配置易腐垃圾破碎预处理装置，根据杭州市地方标准《农村生活垃圾阳光房处理技术与管理规范》DB 3301/T 0261—2018要求，破碎预处理后物料的粒径应不大于50mm。物料经预处理后可通过人工或机械辅助设施投入处理单元进料口，机械辅助输送方式可采用带式输送或提升机输送。进入处理单元的物料含水率应不大于65%，若原料的含水率过高，宜添加锯末、麸皮等辅料或回料调节原料含水率。堆肥过程中应保证堆肥物料的发酵温度达到55℃以上，且持续时间不少于5d；或达到65℃以上，持续时间不少于4d。易腐垃圾处理如需添加微生物菌剂，其安全性应符合《微生物肥料生物安全通用技术准则》NY/T 1109—2017的规定。

阳光堆肥房在运行过程中，应注意以下安全管理原则：

（1）车辆进出通道高出外侧地面45cm以上，应设置栏板或护栏，堆肥房侧面、进入采光井的前部等高出地面45cm以上的必须有防护网或设置栏杆，高度从现有地面算起不低于105cm，间隔不得小于11cm。

（2）堆肥房顶部需要进行安全处理，防止管理人员及其他人员滑落。

（3）投料口、出料口要上锁，由垃圾分拣员专人管理。

（4）其他垃圾房要封闭管理，防止垃圾外泄以及其他人员进入造成伤害。

（5）对堆房内电线设施要经常进行安全隐患排查，确保人身安全。

（6）要设立防火、安全警示标志，防止无关人员进入作业区，要设置作业操作规程和安全生产作业要求，明确投料、出料作业时禁止抽烟，禁止使用明火等。

3.3.2 好氧堆肥仓

1. 好氧堆肥仓的日常运行原则

（1）垃圾来源应明确，应是可堆肥生活垃圾和其他可堆肥原料，建筑垃圾、工业垃圾、医疗垃圾等不应进入好氧堆肥仓堆肥处理。

（2）进场垃圾运输车辆应干净整洁、密闭运输，无渗沥液遗洒以及垃圾飞扬、遗撒、粘挂等现象。

（3）生活垃圾经过预处理后，送入堆肥仓含水率宜控制在40%～60%之间，布料时应保证物料均匀，防止出现物料层厚度不等、含水率不均等现象。

（4）堆体在仓内应定时曝气，根据气温、原料变化进行动态调整，并将曝气与抽湿相耦联，以在确保堆体氧含量的同时，及时排除仓内水蒸气。

（5）仓内根据温度变化定期翻堆，夏季堆体温度不宜高于70℃。

（6）堆肥产品应在有一定规模、具有良好通风条件和防止淋雨的设施内存储，堆肥产品各项指标应符合相关标准的规定。

（7）堆肥厂应设有渗沥液收集和存储设施，及时收集生产过程中产生的渗沥液，经处理后尽量回用于堆体、作为农肥综合利用或者达标排放。

（8）对产生的臭气应采取收集、控制措施，收集后的臭气可采用洗涤+生物除臭等工艺进行处理后达标排放。

2. 好氧堆肥仓的安全管理原则

（1）落实安全生产责任制，应具有完备的运行安全管理规章制度和运行安全操作规程，严格实施，建立操作规程培训与考核制度。

（2）应为职工提供劳动安全卫生条件和劳动防护用品，操作人员应按规定使用安全防护及劳保用品。

（3）建立突发事件应急制度，及时修订应急预案，定期组织应急预案演练。

（4）粉碎机、压榨机等设备应张贴必要的工作图表、安全注意事项、操作规程和运转说明等。

（5）翻堆车要定期保养维护，在翻堆时应确保车辆周边无人，以免引起人员伤害事故。

（6）夏季翻堆时要注意仓内通风降温，避免中暑事件发生。

（7）垃圾进站后，操作平台上应进行初步筛分，挑出金属块等硬物，以免破坏粉碎机刀片。

（8）经常进行设备检查和维修保养，使设备处于完好状态，防止由于磨损、老化、疲劳、腐蚀等原因使设备的安全性降低。

3.3.3 快速成肥机

快速成肥机的日常运行原则如下：

（1）设备应明确主体工艺、能耗和发酵周期等运行技术参数以及菌种来源要求。

（2）坚硬的大块有机废弃物需破碎至 3～5cm 后再投入成肥机。

（3）快速成肥机运行中需采用控制含水率措施，以控制进料含水率为目的，按预处理方法不同可分为 3 类：第一类为易腐垃圾与秸秆、杂草等低含水率生物质物料混合；第二类为易腐垃圾先通过细孔筛沥水后，再与上述低含水率生物质物料混合；第三类为易腐垃圾经破碎、挤压后脱除水分。

（4）目前常见的快速成肥机平均运行周期为 24～72h，垃圾出料后往往还需要移至翻堆槽进行二次堆肥，因此快速成肥机站点应配备与成肥出料量相适应的翻堆槽，以满足二次堆肥的需要。

（5）快速成肥机站点需做好垃圾渗滤液及臭气等二次污染的防治，场站内外进行适当的绿化和美化。

快速成肥机的日常管理原则如下：

（1）快速成肥机站点需配备专人管理，操作人员必须经技术培训、安全教育及考核合格后持证上岗。

（2）操作人员应做好台账记录，详细记录快速成肥机的进料量、出料量、辅助材料添加量、用水用电、设备运行状态、设备故障及维修情况等信息。

（3）确保进入设备内的垃圾为可处理的有机易腐垃圾，不可处理垃圾占比不得超过5%。

（4）投入量不得大于设备规定的处理量（单台主机不超过2t/d），投入量过大时，会使得处理的效果不佳，同时会造成机器负荷过载而出现故障。

（5）避免不必要的反复开闭投料门，避免发酵尾气溢出，污染环境。

（6）设备表面应保持整洁，尤其是投料口、出料口、观察口等易脏部位；保持升降装置链条清洁，防止链条卡住，如链条表面有发干生锈，应及时添加润滑油。

（7）发生故障及异常现象时，首先关闭机器、切断电源，并及时与厂家派驻人员联系。

（8）排除故障时，须在专业服务人员指导下维修或由厂家指派的专业人员现场维修。

3.4 堆肥处理工艺的优缺点及适用范围

3.4.1 阳光堆肥房

1. 阳光堆肥房工艺优缺点

（1）工艺优点

阳光堆肥房投资成本低，管理维护方便，运行维护成本也相对较低，垃圾堆肥后，可由专业公司、农业合作社用于制作有机肥或直接还田增肥。

（2）工艺缺点

阳光堆肥房通常无增温设施，受气温影响较大，为保证处理产物品质和无害化水平符合规范标准的要求，处理垃圾所需时间较长。此外，由于无后续成肥设施，成肥品相较差，且处理过程中易滋生蚊蝇，恶臭现象较为明显。

2. 阳光堆肥房工艺适用范围

采用阳光堆肥房处理农村生活垃圾简单经济，可以采取联村共建或一村一建模式，适用于人口密度不高且人口规模相对稳定，日人均垃圾产生量也相对平稳的农村地区。在北方地区使用时，需注意保温设计或者外接热源以确保阳光堆肥房在冬季正常运行。

3.4.2 好氧堆肥仓

1. 好氧堆肥仓工艺优缺点

（1）工艺优点

1）在相对静态的过程中进行堆肥，仅在进料时需破碎压榨，或者根据气温条件进行定期翻堆，呈现一种半机械化的运行方式，因此对设备要求不高，管理方便，设施运行稳定，堆肥仓使用寿命长。

2）与快速成肥机相比，好氧堆肥仓可以通过太阳能采光和太阳能集热器辅助加热，使太阳能成为加热系统的能量来源之一，除了在冬季温度最低的 3 个月，其他时间基本不需要通过电加热来提高仓内温度，节省了能源和运行费用。

（2）工艺缺点

相对于阳光堆肥房而言，好氧堆肥仓投资及运行成本略高。

2. 好氧堆肥仓工艺适用范围

好氧堆肥仓适用于人口密度高、有机肥需求量较大的农村地区使用，以集镇或者多村联建为宜，可以根据村镇实际情况，因村制宜地选择集镇所在地、中心村连带周边村联建共建，站房选址以选乡镇垃圾中转站旁为佳。

3.4.3 快速成肥机

1. 快速成肥机工艺优缺点

（1）工艺优点

1）处理速度快：常见的快速成肥机处理时间在 1～5d，经处理后的垃圾可以脱水至含水率30%以下。

2）减量效果明显：经过处理后，减量率可达80%以上，资源化效率高，可有效缓解垃圾堆积难题。

3）对气候条件适应性强：不同于阳光堆肥房和好氧堆肥仓，快速成肥机采用电加热方式进行增温，受气候条件影响小。

（2）工艺缺点

1）处理成本高：快速成肥机通常需要长时间的加热通风，方可满足垃圾快速腐熟的需要，因此耗电量较大，处理成本较高。

2）成肥效果不佳：现有的快速成肥机大多处理时间短，垃圾腐熟不充分，导致成肥效果不佳，通常成肥后产物需要较长时间的二次熟化后，方可综合利用。

3）管理维护要求高：快速成肥机有轨道传输、剪切破碎、螺旋挤压脱水和烘干等一系列装置，在使用过程中容易出现故障，给村镇级单位的管理维护带来较大压力。

4）针对特异性的垃圾使用效果差：如沿海地区农村生活垃圾中含有较多的贝壳类物质，较难破碎。同时，在成肥过程中容易板结，给后续利用带来困难；也有部分地区反映机器出肥的有机肥料含盐量过高，出肥质量存疑，市场化使用率不高。

2. 快速成肥机工艺适用范围

快速成肥机适用于经济条件好、管理水平较好的地区，可以在建制镇或者人口集中、运输距离短的多村以联建形式进行。

3.5　堆肥处理工艺的工程案例

3.5.1　阳光堆肥房

1. “金东模式”——金华市金东区垃圾资源化处理体系

金华市金东区作为全国首批100个垃圾分类示范县（区）之一，普遍采用阳光堆肥房对生活垃圾进行资源化处理，并以“农民可接受、财政可承受、面上可推广、长期可持续”的“四可”

特点，形成了农村生活垃圾分类治理的“金东模式”。金东区农村生活垃圾无害化处理率达100%，资源化利用率达82.5%，回收利用率达31.2%。对于分拣出的易腐垃圾，金华市在农村就近建设阳光堆肥房进行堆肥，推行“一四五六”工作法，即：坚持“一个模式”（金东模式）、抓住“四个环节”（分类投放、分类收集、分类运输、分类处置）、落实“五个标配”（一座阳光堆肥房、一组分类垃圾桶、一个垃圾分拣员、一块广告宣传栏、一辆垃圾分类车）和“执行六项制度”（金东区垃圾分类工作专项考核制度、乡镇考核评比制度、垃圾分拣员评优制度、垃圾收费制度、环境卫生“荣辱榜”制度和网格化管理制度），很好地实现了易腐生活垃圾减量化、资源化、无害化处理，构建了易腐生活垃圾处理的完整体系。

2. 阳光堆肥房的投资及运行成本

阳光堆肥房的建设，可根据行政村人口数量、转运距离等因素，采取“一村一建”（图3-12）或“多村合建”（图3-13）的方式。

图3-12　单村阳光堆肥房

金东区单村建设的阳光堆肥房一般分四格，其中两格堆肥，一用一备，另外两格一格储放可卖垃圾、一格储放其他垃圾，所有阳光堆肥房实施标准化建设，统一材料和外观。

图 3-13　多村合建阳光堆肥房

单村阳光堆肥房的单仓有效容积一般为 20m³，以满足日常堆肥需求的 3 仓阳光房为例，计算其建设成本及运行成本如下：

(1) 建设成本

阳光房的占地面积按 60m² 计，服务人口 1200 人，其建设费用至少为 12 万元，若使用周期按 10 年计（期间不计维护费用），则建设成本为 10 元/(年・人)。

(2) 运行成本

由于单村阳光房一般距村庄距离小于 500m，故运行成本中不考虑附加的运输成本。阳光房的运行成本约为 2500 元/(年・仓)(包括灭苍蝇、加菌种等操作)，3 仓阳光房的运行成本可计 7500 元/(年・村)，每人每年 6.25 元。

按照上述计算，单村阳光房建设成本及运行成本合计约 16.25 元/(年・人)。

多村联建阳光房最大服务半径可辐射至 5km，服务范围约 50km²，服务人口 3000 人，其建设成本及运行成本计算如下：

(1) 建设成本

多村阳光房设计仓数为 5 个，占地约 120m²，建设费用为 25 万元，使用周期同样按 10 年计，则建设成本约 8.33 元/(年・人)。

（2）运行成本

多村阳光房的运行成本包括基础运行成本及运输成本。基础运行成本为12500元/年，按3000人计算，约4.17元/(年·人)；采用延伸收集路径方式可满足更长距离的垃圾运输需求，但需替换人力运输车为电动车，以9000元/辆计，3000人需配置2辆，使用周期计3年，则运输成本为2元/(年·人)。合计运行成本约6.17元/(年·人)。

综上，多村联建阳光房的建设及运行成本合计14.5元/(年·人)。

3.5.2 好氧堆肥仓

1. 湖州市长兴县林城镇生活垃圾好氧堆肥仓处理工程（图3-14）

湖州市长兴县林城镇共20个行政村，15000户，58000人，该镇从2016年开始进行农村生活垃圾分类减量化及资源化处理工作，建设了覆盖全镇易腐生活垃圾处置的好氧堆肥仓处理站一座，并采购垃圾收集车一辆，全镇统一每天定点定时到各村收集村户产生的易腐生活垃圾，实现了全镇20个行政村易腐生活垃圾的统一收集、运输和集中处置，摸索出一条适合于当地的垃圾处理可持续发展之路。

(*a*)

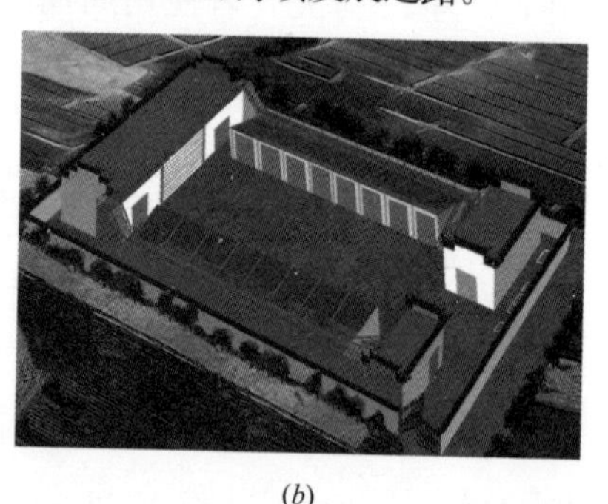

(*b*)

图3-14 林城镇垃圾处理工程远景（*a*）及整体效果（*b*）图

目前，林城全镇每天收集易腐生活垃圾5～6t，依托专业化的运维管理，成肥后的垃圾约800kg，出肥经专业机构检测，各项指标均符合《有机肥料》NY 525—2012相关标准要求。林城镇是农业大镇，有花卉苗木基地近万亩，镇内产生的垃圾成肥后，均交由周边的种植大户使用，真正实现了垃圾资源化，使得可持续发展的理念在林城镇的生态农业中得到了实现。

2. 投资成本

林城镇好氧堆肥仓处理站的构筑物主要包括堆肥仓、操作间（含破碎、压榨、成肥后处理单元等）、电控室、传达室、渗滤液处理池等，堆肥仓每个占地 3.5m×3m，共 16 个，处理站占地 1000m^2。设备包括曝气系统（含曝气机、曝气管道及其保温设施、电磁阀、曝气格栅）、太阳能集热系统（含集热系统、风机、管道及其保温设施）、温控系统（含加热系统、温度控制系统、采光板等）、臭气处理系统（含除臭设备、废气收集管道、引风机）等。其中，土建投资 90 万元，设备投资 110 万元，合计 200 万元。

3.5.3 快速成肥机

1. 浙江省浦江县垃圾资源化生态处理中心（图 3-15）

浙江省浦江县利用快速成肥机对农村易腐生活垃圾进行统一无害化、资源化处理，解决了农村垃圾就地处理的问题，建立了会腐烂垃圾和不会腐烂垃圾分类模式，实现易腐生活垃圾的快速减量化。各乡镇以易腐生活垃圾为原料，利用快速成肥机，将易腐垃圾转化为有机肥料，实现易腐生活垃圾的无害化处理，快速成肥机产出的有机肥料可用于土壤修复和农业种植，替代传统的化学肥料，实现垃圾处理产出物的资源化利用，为农村易腐垃圾处理的长效运作提供了有力保障。

图 3-15 浦江县黄宅镇垃圾分类生态处理中心

浦江县根据人口居住相对集中、土地资源紧张的县情，对农村易腐生活垃圾采取了以机械处理为主、阳光堆肥为辅的处置模式，分类收集、分类处理、综合利用。全县已建成16座生态处理中心（每个乡镇街道各1座，城区1座），覆盖全县429村（社区）。其中，生态处理中心共配备有18台粉碎机、53台快速成肥设备。为了实现有机垃圾处理产出物的资源化循环利用，生态处理中心将有机垃圾处理产出的肥料用于当地葡萄种植地的土壤修复，提高了葡萄品质。浦江县以当地特色经济作物和农产品为基础，发展有机种植和生态农业，最终以生态农业引领生态旅游，促进社会和生态的可持续发展。浦江县全县日均处理易腐垃圾200余吨，每年可节省垃圾清运、废水处理等费用820余万元。

2. 投资成本

浙江省从2014年开始实施省级农村生活垃圾减量化资源化试点村项目，主要采用快速成肥机模式，按每个试点村项目省财政补助30万元的标准、地方出资配套站房的方式共建，支出主要为建设成本和运维费用，其中建设成本包括快速成肥机器购买成本以及处理站房建设成本，运行费用包括机器运行电费、操作工人工资和日常保养费用。

浦江县黄宅镇垃圾分类生态处理中心快速成肥机的最大日处理能力约4000kg/d，服务人口约15000人，占地约600m^2，建设费用为150万元，其中土建工程约90万元，以服役15年计，购置设备60万元，以服役8年计，年成本13.5万元，人均9元/(年·人)；购置易腐垃圾运输车3辆，10000元/辆，使用周期3年，人均0.67元/(年·人)；预处理及堆肥机运行费（耗电及菌剂等）约33000元/年（90元/d），人均2.2元/(年·人)；易腐垃圾运输和堆肥机运行人工费为48000元/年（4000元/月），人均3.2元/(年·人)。综上所述，利用快速成肥机处理易腐生活垃圾费用合计约15.1元/(年·人)。

第4章　易腐垃圾厌氧发酵技术

厌氧发酵，又称厌氧消化，是一种生物降解有机废物的处理方法，即在厌氧环境下，利用厌氧微生物将垃圾中大部分可生物降解的有机物质进行分解，转化为沼气，从而实现垃圾分解和资源转化的技术。

厌氧发酵与堆肥处理的主要区别在于：（1）厌氧发酵需要严格的无氧条件，厌氧降解微生物是处理过程中的优势菌种；（2）厌氧发酵处理产物为高含水（80%～95%）的浆态物（沼渣、沼液混合物）；（3）厌氧发酵一般需采取辅助加热措施，否则不易达到完全的卫生无害化。小规模处理条件下（如家庭），厌氧发酵产物可以就近在农田、山林直接利用；处理规模较大时需要进行产物分离，分别对沼渣和沼液进一步处理，然后利用或排放，因此其技术复杂性和成本一般均高于堆肥处理。

4.1　厌氧发酵技术原理

4.1.1　厌氧发酵产沼原理

厌氧发酵工艺的基本功能是保证高效稳定地处理固体有机废物，并获得符合质量要求的厌氧发酵产物。厌氧发酵过程中的有机物代谢可分为连续的几个步骤（图4-1）：

（1）分解和水解。使固体有机物转化为可溶性的基质（葡萄糖、氨基酸和长链脂肪酸）；

（2）酸化。使可溶性的基质进一步分解为乙酸和氢气；

（3）甲烷化。微生物通过乙酸营养型和氢营养型两种途径将乙酸和氢气转化为甲烷、二氧化碳和水，甲烷和二氧化碳构成了沼气的主要组分，剩余的有机物成为沼渣、沼液的有机物组分。

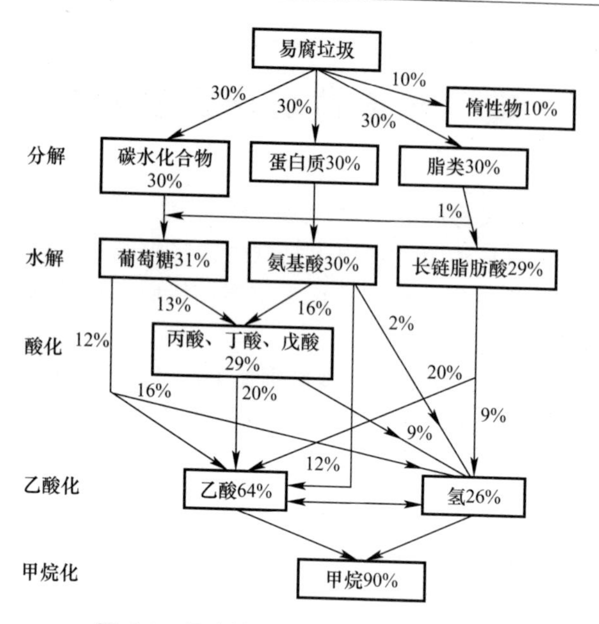

图 4-1　易腐垃圾厌氧发酵产沼的途径

厌氧发酵过程中会产生沼气，沼气是多种气体的混合物，一般由甲烷、二氧化碳和少量的氮、氢和硫化氢等组成，具有可燃性、腐蚀性与麻醉性（表 4-1）。沼气的主要成分甲烷是一种理想的气体燃料，它无色无味，与适量空气混合后会燃烧，当沼气中甲烷的含量达到 30%时，可勉强点燃，含量达到 50%以上时，可以正常燃烧。纯甲烷的着火点为 650～750℃，热值为 35847～39796kJ/m³，而沼气的着火点比甲烷略低，为 645℃，热值为 5500～6500kJ/m³。空气中若混有 5%～15%的甲烷，在封闭条件下遇火即会发生爆炸，由于沼气具有可燃性，因此在沼气的生产与使用过程中，应特别注意防火、防爆等安全工作。沼气中所含的硫化氢气体具有腐蚀性，硫化氢溶于水后生成氢硫酸。氢硫酸是一种弱酸，能与铁等金属反应，具有强烈的腐蚀作用，因此在沼气的生产过程中需要进行脱硫净化处理，以延长沼气贮存、运输及燃烧设备的使用寿命。沼气中的甲烷成分本身无毒，但当空气中甲烷含量达到 25%～30%时，对人、畜有一定的麻醉作用，含量达到 50%～70%时，能使人窒息。

易腐生活垃圾厌氧产生沼气的典型组成　　表 4-1

组成	CH_4	CO_2	H_2O	H_2S	N_2	O_2	H_2
体积浓度（%）	55～60（50～75）	35～40（25～45）	2(20℃)～7(40℃)	0.002～2	<2	<2	<1

与其他燃气相比，沼气是一种很好的清洁燃料。沼气除直接燃烧用于炊事、烘干农副产品、供暖、照明和气焊等外，还可作为内燃机的燃料以及生产甲醇、福尔马林、四氯化碳等的化工原料。经发酵后排出的料液和沉渣，含有较丰富的腐殖酸、氨基酸、维生素、蛋白质、酶以及微量元素，对于生物生长代谢具有很好的调节作用，可用作肥料和饲料。

4.1.2　厌氧发酵影响因素

环境因素会对厌氧发酵产生影响，如：氧化还原电位、发酵温度、pH 等，与此同时，发酵原料、接种物、进出料方式的选择也会影响厌氧发酵过程。

1. 氧化还原电位

厌氧发酵产沼需要维持严格的厌氧环境，由于氧气会抑制产甲烷菌的活性，所以修建的厌氧发酵池除进出料口外，必须严格密闭，做到不漏水、不漏气，以保证厌氧微生物生命代谢活动的正常进行。

2. 发酵温度

温度与有机物的厌氧生物分解过程密切相关，在一定范围内，提高温度有利于有机物分解。一般而言，中温范围 30～40℃，高温范围 50～60℃是厌氧发酵的两个适宜温度段，通常中温发酵所需热量少，工艺运行较稳定，便于管理。

3. pH

pH 对厌氧发酵的正常运行同样有着重要影响，厌氧发酵系统中产酸菌生长的适宜 pH 值范围为 5.5～8.5，而产甲烷菌对 pH 变化非常敏感，其适宜 pH 值范围为 6.8～7.4，当 pH 值偏离最佳值时，会影响产甲烷菌的活性，当 pH<5.5 时，产甲烷菌将会完全受到抑制。因此，发酵系统的最佳 pH 值范围为 6.8～7.4。

4. 发酵原料

充足的发酵原料是沼气发酵细菌繁殖、代谢、产气所需营养的物质基础。自然界可作为沼气发酵原料的有机质相当丰富，如人畜粪便、作物秸秆、杂草树叶、污泥、生活垃圾、生活污水、以及各种动物残体等，但是由于发酵底物本身特性的差异，产生的沼气量也不同，厌氧发酵底物的C/N比在20～30为宜，过高过低均会影响产气量或产气速率。农村生活垃圾中的易腐垃圾C/N比一般小于25，这种原料分解速度快、氮素含量较高、发酵周期短、产气速度快，是厌氧发酵很好的发酵原料。

5. 接种物

为了加快厌氧发酵池启动发酵的速度和提高沼气池的产气量，加入满足发酵需要的微生物作为接种物是极其重要的，接种物的来源、富集培养方式及添加比例均会影响厌氧发酵。一般情况下，新启动的厌氧发酵池可以加入老发酵池中带有丰富微生物的沼渣、沼液，其接种量一般为发酵原料的10%～30%。

6. 进出料方式

进出料方式也是影响厌氧发酵产沼的重要因素，不同的进出料方式包括批量式进出料、连续式进出料以及半连续式进出料。

批量进料是指将发酵原料和接种物一次性装满沼气池，中途不再添加新料，产气结束后一次性出料，其特点是初期产气少，逐渐增加，然后产气保持基本稳定，之后逐步减少直至出料，该工艺的发酵产气是不均衡的。连续进料是指沼气池加满料正常产气后，每天分几次或连续不断地加入原料，同时也排走同体积的发酵料液，其发酵过程能够长期连续进行。半连续进出料方式介于上述两种方式之间，其在沼气池启动时一次性加入较多原料，正常产气后，不定期、不定量地添加新料，在发酵过程中根据需求不定期地出料，到一定阶段再将大部分料液取走。根据调研，受原料特点和农村用肥集中等因素的影响，我国农村生活垃圾厌氧处理主要采用半连续式工艺。

4.1.3　生活垃圾厌氧发酵技术分类

1. 湿式发酵与干式发酵

根据进料含水率的不同，生活垃圾厌氧发酵可分为湿式发酵和干式发酵两大类。湿式厌氧发酵技术进料含水率通常超过15%（一般为15%～40%），该技术较为成熟，应用广泛，但是存在多种弊端，如预处理困难、处理能力低，易受到盐分、氨氮的抑制，同时产生大量沼液，后续处理难度大等。而干式厌氧发酵在保持固体废物的原始状态下进行发酵，因此简化了前处理，也节约了能耗，相比湿式厌氧发酵具有运行费用低、发酵过程无需添加新鲜水、沼液产量小或无沼液产生等优势。

由于固态厌氧发酵工艺的稳定运行需要基于生化反应的高效模型支撑，而目前国内的固态厌氧发酵技术研发成果有限，在工艺模型和设备开发方面进展缓慢，未达到系统集成、形成工艺阶段，在工程建设和运行中也缺乏与固态厌氧发酵相关的管理经验，使得固态厌氧发酵技术虽然在有机废弃物处理方面有巨大的优势，但现阶段仍难以在我国农村地区推广实施。

2. 高温发酵与中温发酵

温度对微生物体内的脱氢酶、脲酶、磷酸酶等酶的活性有较大影响，从而影响厌氧发酵系统中微生物的生长速率及对有机物的分解速率。通常情况下，厌氧发酵分为中温和高温，中温为30～40℃，高温45～60℃。中温条件下，厌氧发酵的周期较长、稳定性好，还具有能耗低、应用广、系统微生物适应环境变化的能力强等优点；高温条件下，系统能够加快水解酸化过程，但是能耗高。高温厌氧发酵较中温发酵的周期短、分解速率快、可承受较高有机负荷、所需反应容积小，但是高温发酵对反应条件的要求更严格，且对环境变化的适应性较差。

3. 单相发酵与多相发酵

在单相发酵中，厌氧反应过程的产酸和产甲烷作用是在相同的理化条件下进行的。而在多相发酵中，相与相实现分离，各反应阶段可以分开进行，例如两相厌氧发酵就是人为地将厌氧反应过程分解为水解产酸阶段和产甲烷阶段。

单相厌氧发酵是目前应用最广的发酵方式，其优势是操作简单、易于控制。但由于厌氧发酵分为水解、酸化、产甲烷等多个阶段，各阶段均有其最适合的反应条件，而单相厌氧时，各反应阶段均在同一系统环境下进行，虽运行较为简便，但各个阶段都不在其最佳条件下运行，故无法实现最高的产气效率。而多相厌氧发酵满足了不同阶段厌氧发酵微生物的活动需求，避免了反应过程中微生物之间相互抑制或代谢产物对微生物活性的抑制作用，并且为产酸菌和产甲烷菌提供了适宜的生长环境，提高了发酵效率。但是相比于单相发酵，多相厌氧发酵的投资成本更大、操作更复杂，因此在农村地区的实际应用不如单相厌氧发酵。

4.2 厌氧发酵技术工艺流程

厌氧发酵工艺包括从发酵原料到产出沼气的整个过程所采用的技术和方法，一般由前处理单元、生物转化单元、混合物处理单元及后处理单元组成（图 4-2）。具体包括：原料的收集和预处理、接种物的选择和富集、沼气发酵装置形状选择、启动和日常运行管理、副产品沼渣和沼液的处置等技术措施。

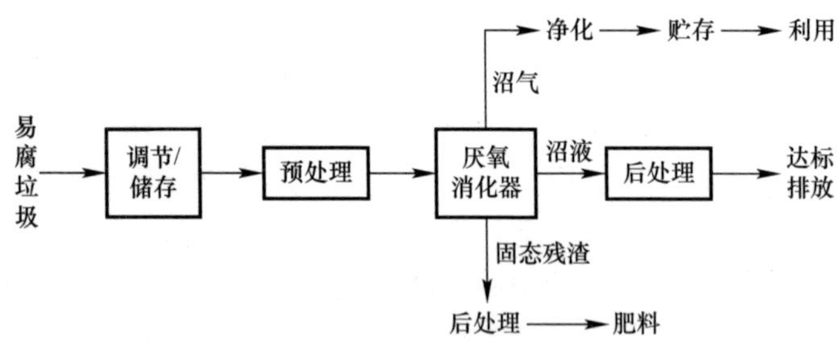

图 4-2　厌氧发酵工艺流程示意图

4.2.1 前处理单元

生活垃圾的厌氧发酵工艺前处理单元的目的是受料、分选、粒度调整、组分调整、接种、预加热、消毒等，可分离出金属、塑料、玻璃等不可降解的原料或杂物。

4.2.2　生物转化单元

生物转化单元（即厌氧发酵池）包括发酵和甲烷化等生物反应器（发酵池与沼气池），其目的是使生物质固体废物降解和转化为稳定的腐殖化产品，并获得能源气体——沼气。

厌氧发酵池的分类方式多种多样，按贮气方式划分，厌氧发酵池可分为水压式、分离浮罩式、气袋式三大类；按沼气池结构的几何形状，可分为圆柱形、球形和椭球形等；按沼气池埋设位置，可分为地下式沼气池、半埋式沼气池、地上式沼气池等；按建池材料分类，可分为砖结构池、石结构池、混凝土结构池、钢筋混凝土结构池、钢结构池、塑料结构池、钢丝网水泥结构池等；按发酵温度分类，可分为常温发酵池（10～26℃）、中温发酵池（30～40℃）、高温发酵池（45～60℃）三种。在具体实施的时候，可根据用气需求、基建投入、当地环境气候等实际情况选择合适的厌氧发酵池池型。

一般该单元的沼气转化率为 170～320m^3CH_4/VS，VS（挥发性固体，即有机物）降解率为 40%～75%，有机负荷（OLR）为 5～15kgVS/(m^3·d)。

4.2.3　消化后混合物处理单元

消化后混合物处理单元的工作包括：通过湿分选进一步去除杂质、沼渣与沼液分离、沼液浓缩与脱水；沼渣好氧堆肥、生物干化、除杂、粒度调整、肥分和微生物加富；沼液处理、消毒；残渣填埋。

厌氧消化的沼液和沼渣中含有丰富的氮、磷、钾等营养元素。据统计，沼液中全氮、磷和钾的平均含量分别为 0.39%、0.37% 和 2.06%，因此沼渣和沼液可用于种植业；其中，沼渣在应用前宜通过好氧堆肥进一步熟化。

4.2.4　沼气后处理单元（沼气处理与贮存）

当易腐垃圾的厌氧处理量较大的时候，会有大量的沼气产生，沼气的储存和使用应符合防火防爆的有关安全管理规定。沼气的组成随工艺和进料的性质会有变化，沼气经过适当处理后可等同天然气使用，可以采用热电联产的方式利用沼气，余热作为发酵物料的加热能源。沼气利用方式可以是蒸汽锅炉供热、热电联产、燃料电池原料、机动车燃料、并入村落沼气管网等。依据不同的利用途径，沼气利用前需去除硫化氢、水蒸气、二氧化碳、卤代烃和硅烷等物质。一般每吨有机物可产生150～300kWh电能或250～500kWh热量。

除上述厌氧发酵的主要操作单元外，固体有机物厌氧发酵的其他操作支持单元包括pH、温度等重要参数的过程控制单元、臭气控制单元以及沼液利用与污染控制单元等。

4.3 厌氧发酵工艺的运行与管理

4.3.1 厌氧发酵处理设施的选址原则

根据中华人民共和国住房和城乡建设部发布的《大中型沼气工程技术规范》(GB/T 51063—2014)，大中型厌氧发酵工程选址应满足下列原则：

(1) 尽量靠近发酵原料的产地，沼气用于民用的沼气工程应根据用气区域分布特点合理选择站址，沼气用于发电上网的沼气工程应靠近输供电线路，还应方便沼渣沼液利用。

(2) 在居民区或厂（场）区主导风向的下风侧，并应远离居民区，且应满足安全生产和卫生防疫的要求。

(3) 有较好的工程地质条件，宜选择在岩土坚实、抗渗性能良好的天然地基上，并应劈开山洪、滑坡等不良地质的影响。

(4) 宜具有给水排水、供电条件，对外交通方便。

(5) 不应选择在架空电力线跨越的区域。

(6) 站内露天工艺装置与站外建（构）筑物的防火间距应符合现行国家标准《建筑设计防火规范》(GB 50016—2018) 的有关规定。

根据《户用沼气池施工操作规程》（GB/T 4752—2016）以及《农村沼气集中供气工程技术规范》（NY/T 2371—2013），小型沼气池的选址原则如下：

（1）应遵循合理用地、节约用地的原则，根据工程地点的地质、水文、气象和周边环境等确定。

（2）池址与灶具的距离宜在25m以内，并尽量避开岩石、树（竹）林、车道，选择在背风向阳土质坚实、地下水位低、出料方便和不易受到冲击性活荷载的地方。

（3）小型发酵设施应避免在低洼处建设，以免发生洪涝时被淹。

4.3.2　厌氧发酵工艺的安全设计依据

相对于农村生活垃圾的好氧堆肥，厌氧发酵处理技术的设计与管理更为复杂，厌氧发酵产生沼气会存在一定的安全风险，因此其设计建设及运行管理均需遵循以下技术规范及相关标准要求：

（1）《建筑设计防火规范》GB 50016—2006（2018版）；

（2）《石油天然气工程设计防火规范》GB 50183；

（3）《沼气工程规模分类》NY/T 667—2011；

（4）《沼气工程技术规范　第1部分：工程设计》（NY/T 1220.1—2019）；

（5）《沼气工程技术规范　第2部分：输配系统设计》（NY/T 1220.2—2019）；

（6）《沼气工程技术规范　第3部分：施工及验收》（NY/T 1220.3—2019）；

（7）《沼气工程技术规范　第4部分：运行管理》（NY/T 1220.4—2019）；

（8）《沼气工程技术规范　第5部分：质量评价》（NY/T 1220.5—2019）；

（9）《农村户用沼气发酵工艺规程》（NY/T 90—2014）；

（10）《户用沼气池设计规范》（GB/T 4750—2016）；

（11）《户用沼气池质量检查验收规范》（GB/T 4751—2016）；

（12）《户用沼气池施工操作规程》（GB/T 4752—2016）；

（13）《农村沼气集中供气工程技术规范》（NY/T 2371—2013）；

（14）《大中型沼气工程技术规范》（GB/T 51063—2014）；

在浙江省于2018年发布实施的地方标准《农村生活垃圾分类处理规范》（DB33/T 2091—2018）中，明确说明在人口密度较大、易腐垃圾量相对较大、易腐垃圾纯度高、有沼渣沼液消纳利用途径和一定沼气池使用经验的农村地区可以采用厌氧发酵技术，同时设施选址应符合沼气工程安全防护要求，容积在50m³以下的农村户用沼气池应符合《农村户用沼气发酵工艺规程》（NY/T 90—2014）的要求，农村沼气集中供气工程应符合《农村沼气集中供气工程技术规范》（NY/T 2371—2013）的要求，沼渣和沼液应有合理消纳途径。

4.3.3 厌氧发酵工艺的设计原则

根据国家农业行业标准《沼气工程规模分类》（NY/T 667—2011），沼气工程规模按沼气工程的日产沼气量、厌氧发酵装置的容积以及配套系统等进行划分，可分为特大型、大型、中型和小型等4种。沼气工程规模分类指标中的日产沼气量与厌氧消化装置总体容积为必要指标，厌氧发酵装置单体容积和配套系统为选用指标。沼气工程规模分类时，必须同时采用二项必要指标和二项选用指标中的任意一项指标加以界定，日产沼气量和厌氧发酵装置总体容积中的其中一项指标超过上一规模的指标时，取其中的低值作为规模分类依据。

沼气工程规模分类指标和配套系统　　表4-2

工程规模	日产沼气量 Q(m^3/d)	厌氧发酵装置单体容积 V_1(m^3)	厌氧消化装置总体容积 V_2(m^3)	配套系统
特大型	$Q \geqslant 5000$	$V_1 \geqslant 2500$	$V_2 \geqslant 5000$	发酵原料完整的预处理系统；进出料系统；增温保温、搅拌系统；沼气净化、储存、输配和利用系统；计量设备；安全保护系统；监控系统；沼渣沼液综合利用或后处理系统

续表

工程规模	日产沼气量 $Q(m^3/d)$	厌氧发酵装置单体容积 $V_1(m^3)$	厌氧消化装置总体容积 $V_2(m^3)$	配套系统
大型	$5000>Q\geqslant500$	$2500>V_1\geqslant500$	$5000>V_2\geqslant500$	发酵原料完整的预处理系统；进出料系统；增温保温、搅拌系统；沼气净化、储存、输配和利用系统；计量设备；安全保护系统；沼渣沼液综合利用或后处理系统
中型	$500>Q\geqslant150$	$500>V_1\geqslant300$	$1000>V_2\geqslant300$	发酵原料的预处理系统；进出料系统；增温保温、回流、搅拌系统；沼气的净化、储存、输配和利用系统；计量设备；安全保护系统；沼渣沼液综合利用或后处理系统
小型	$150>Q\geqslant5$	$300>V_1\geqslant20$	$600>V_2\geqslant20$	发酵原料的计量、进出料系统；增温保温、沼气的净化、储存、输配和利用系统；计量设备；安全保护系统；沼渣沼液的综合利用系统

《沼气工程技术规范 第1部分：工程设计》（NY/T 1220.1—2019）中规定厌氧产沼工程的设计应遵循以下原则：

（1）工艺设计应根据沼气工程规划年限、工程规模和建设目标，选择投资省、占地少、工期短、运行稳定、操作简便的工艺路线，做到技术先进，经济合理，安全适用。

（2）所设计的工艺流程、构（建）筑物、主要设备、设施等应能最大限度地满足生产和使用的需要，以保证沼气工程功能的实现。

（3）应以近期工程规模为主，兼顾远期规划，并为今后发展预留改、扩建的余地。

（4）为防止因某些突发事故而造成沼气工程停运，其被处理的原料应有安全溢流和超越的措施。

（5）在经济合理的原则下，对经常操作且稳定性要求较高的设备、管道及监控部位，应尽可能采用机械化、自动化控制，以方便运行管理，降低劳动强度。

（6）应与邻近区域的给水、排水和雨水的排除系统以及供电、供气系统相协调。

（7）应与邻近区域内的污泥处置及污水综合利用系统相协调，充分利用附近的农田。

4.3.4 厌氧发酵工艺的运行管理原则

厌氧发酵工艺的运行管理原则如下：

（1）垃圾来源应明确，应是可发酵的易腐生活垃圾和其他可发酵原料，建筑、工业、医疗、危险和放射性等有毒有害废弃物不应利用厌氧发酵处理。

（2）应根据原料特性、发酵罐特点合理选择预处理方式；沼气的贮存方式应根据产气规模、管网压力等因素，经技术经济比较后确定。

（3）充分考虑发酵残余物的处理和综合利用，根据发酵原料特性及实际需求确定沼渣沼液的利用途径，避免对环境造成二次污染，实现资源化利用。

4.3.5 厌氧发酵工艺的安全管理

大中型厌氧发酵工程的安全管理：

（1）落实安全生产责任制，制定安全操作规程和应急预案。应急预案包括火警、易燃及有害气体泄漏、爆炸、自然灾害等意外事件的紧急应变程序和方法。

（2）厌氧发酵工程必须对新进站的人员进行系统的安全教育，并建立经常性的安全教育制度。操作人员、维修人员、安全监督员必须经过技术培训，并经考核合格后方可上岗。

（3）运行管理人员和安全监督人员必须熟悉厌氧发酵工程存在的各种危险、有害因素和由于操作不当所带来的危害。结合生产特点制定相应安全防护措施和安全操作规程。

（4）严禁烟火，并在醒目位置设置“严禁烟火”标志；严禁违章明火作业，动火操作必须采取安全防护措施，并经过安全部门审批。

（5）设施、设备附近的明显部位，应张贴必要的工作图表、安全注意事项、操作规程和运转说明等。

（6）经常进行检查和维修保养，使设备处于完好状态，防止由于磨损、老化、疲劳、腐蚀等原因降低设备的安全性。

（7）严禁随意进入具有有毒、有害气体的沼气发酵装置、沟渠、管道及地下井（室）。凡在这类构筑物或容器进行放空清理、维修和拆除时，必须采取安全措施保证易燃气体和有毒、有害气体含量控制在安全规定值以下，同时防止缺氧。

小型沼气池的安全管理：

（1）对于小型户用沼气池，应设有保障施工、检修及大换料的安全装置。

（2）小型户用沼气池设计主体（发酵间）应尽可能采用浅池体，并满足池内最大气压限值要求。

（3）沼气池进出料等敞开口应加盖，盖子的提手应牢固、隐蔽（使用时拉出，不用时按下）。

（4）定期检查沼气池、输气管道和用气设备有无漏气现象，管道内有无积水现象，如有应及时排除隐患。

4.4　厌氧发酵工艺的优缺点及适用范围

4.4.1　厌氧发酵工艺的优缺点

1. 工艺优点

（1）易腐生活垃圾厌氧发酵过程中无需充氧，能源消耗低，运行费用要低于好氧堆肥处理。

（2）沼气是可再生的清洁能源，小型农村生活垃圾厌氧发酵产生的沼气可用于农村点灯、做饭等，大中型的生活垃圾集中供气工程生产的沼气还可以用于农业生产或者蒸汽锅炉供热、热电联产等，达到了废物综合利用、优化农村地区能源消费结构的目的。

（3）为保证厌氧反应体系的无氧环境，厌氧产沼在完全密闭的条件下进行，因此臭气产生量要少于好氧堆肥。

（4）厌氧发酵衍生的沼液沼渣富含植物营养成分和腐殖化有机物，经处置后可作为有机肥进行农田利用，扩大了有机肥料的来源。沼肥的施用不但可以节省化肥、农药的喷施量，也有利于生产绿色无公害食品，对于提高农产品质量，增加经济收入，降低农业污染均有着重要意义。

（5）厌氧发酵系统综合投资低。

2. 工艺缺点

（1）由于农村生活垃圾的厌氧发酵处理会产生沼气，对工作人员的工作素质有一定要求，需要对人员进行系统的安全教育，并建立经常性的安全教育制度。操作人员、维修人员、安全监督员必须经过技术培训，并经考核合格后方可上岗。

（2）厌氧产沼衍生固体为沼渣，与堆肥产物比较，稳定化和植物兼容性水平相似，但无害化水平较低，一般需要通过进一步的堆肥处理才可达到无害化要求。

（3）相较于好氧堆肥，厌氧发酵有机物降解速率较慢，对外部环境敏感度高，需维持充足稳定的原料供给、严格的厌氧环境，以保证厌氧发酵系统稳定运行，获得稳定产气率。

4.4.2 厌氧发酵工艺的适用范围

目前，针对城市餐厨和厨余垃圾的处理，厌氧发酵已经成为一种主流技术。但是对于农村生活垃圾而言，在目前的技术条件下，由于厌氧产沼技术复杂度高，工业化的厌氧产沼用于乡镇级规模的实际案例较少，仅在农家乐等农村旅游产业发达、高含水率的餐饮垃圾产生量大的村镇具有应用优势。相对而言，小型地埋式厌氧发酵工艺较简单，管理方便，运行费用低，灵活性高，比较适合村级规模应用。另一方面，厌氧发酵池适合依托我国存量很大的农村户用沼气池，作为辅助处理途径用于农村易腐垃圾的就地处理。总体而言，人口密度较高、易腐垃圾产生量相对较大、易腐垃圾纯度高、有沼渣沼液消纳利用途径和一定沼气池使用经验的农村地区适宜采用厌氧发酵技术处理农村易腐生活垃圾。

4.5　厌氧发酵工艺的工程案例

4.5.1　浙江省台州市海润街道垃圾厌氧产沼工程

浙江省三门县海润街道易腐垃圾处理中心采用分选资源化技术，以乡镇为单位，建设配备机械分选（20t/d）设备、厌氧发酵（10t/d）设备以及臭气和污水处理设备的易腐垃圾处理系统，处理经过居民初步分类后的易腐生活垃圾。图4-3为工程项目现场。

图4-3　工程项目现场

居民初分后的易腐垃圾（含厨余生物质55%～70%）先经过机械分选（经历破袋、磁选、风选、滚筒和圆盘筛分、生物质破碎分离、均浆除砂等组合工序），进一步去除其中的杂物，使厨余生物质的纯度提高到95%以上。生物质被破碎搅拌成浆料，然后通过输送泵送入厌氧发酵罐。

厌氧发酵采用中温湿式全混技术，发酵温度为35℃、含固率为8%、pH值为7.0、发酵时间25d，有机质经过厌氧发酵后产生沼气，沼气暂存于储气罐中，储气罐内的沼气通过脱硫、脱水后，输送至沼气发电机组进行发电。剩余沼液固体分离后，沼渣制肥。一部分沼液制成液体肥，所产肥料直接供苗圃或蔬菜基地使用；一部分沼液经污水处理系统处理，达到标准后排放。所产肥料直接供苗圃或蔬菜基地使用，而所产生物燃气直接与国家电网并轨发电，如果处理规模增加，可增加气体提纯设备，进行商品化制气，实现经济效益。该中心日处理垃圾量为10吨，日产生物燃气600m^3，发电1200度，日产有机肥1t，实现经济效益和环境效益的双赢。

(a) (b)

图 4-4　垃圾机械分选设备（a）和沼气发电设备（b）

4.5.2　浙江省安吉县天荒坪镇余村地埋式厌氧发酵系统

“绿水青山就是金山银山”，两山理论发源地——浙江省安吉县天荒坪镇余村，在当地资源循环站点采用地埋式厌氧发酵设备对全村易腐生活垃圾进行处理，日处理量为 1t，覆盖全村 1000 余名村民，不仅可对易腐垃圾进行无害化处理，产生的沼液还可以循环利用。

余村易腐垃圾地埋式厌氧发酵系统的工艺流程如图 4-5 所示。主要装置和设备包括有机垃圾投放口、玻璃钢制的地埋式厌氧发酵装置、水压间以及储肥池。村内有机垃圾（厨余垃圾）经过统一收集后从投料口投入，并在气活塞作用下进入多级厌氧发酵装置。有机垃圾经微生物分解为沼气和沼液，沼气净化后可作燃料，沼液可作为速效复合肥。沼液中可能存在未完全消化的大颗粒有

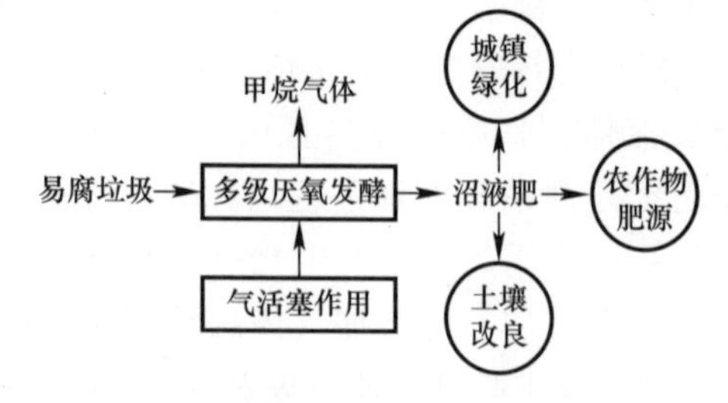

图 4-5　余村易腐垃圾地埋式厌氧发酵处理系统工艺流程图

机物，因此要将沼液在水压间停留一段时间，然后再输送到储肥池，村民可通过提升装置自取沼液，稀释后作为水溶性有机肥料来浇灌蔬菜和植物。整个厌氧发酵系统密闭性较好，周边无明显臭味，地上可种植花草，地表整洁、环境优美。

余村易腐垃圾地埋式厌氧发酵系统占地面积约为 $120m^2$，垃圾停留时间大于60天，每吨有机垃圾产生的沼液量≥200kg，产生的沼气量≥$3m^3$，具体产量取决于投加的垃圾成分。由于1t有机垃圾产生的沼气量较少，一般通过净化后直接排空（日处理垃圾在5～10t时，建议设置储气罐，将沼气作为燃料利用）。发酵仓采用单体并联，通过气活塞原理沼液在后端自动派出并汇集。系统总投资成本约为45万元，该系统管理维护简便，运营费用少。

(a)

(b)

图4-6　余村厌氧发酵系统外景

(a)

(b)

图4-7　有机垃圾投放口（a）、厌氧发酵装置地表景观（b）、地下储肥池及沼液提升装置（c）（一）

(c)

图 4-7　有机垃圾投放口（a）、厌氧发酵装置地表景观（b）、地下储肥池及沼液提升装置（c）（二）

第 5 章　易腐垃圾热处理技术

热处理技术是利用高温手段，改变生活垃圾化学、物理等特性的过程。该技术具有减容与减量化效果好、无害化彻底的特点，同时在一定条件下还可以实现能源的回收利用。对于农村生活易腐垃圾，热处理以热解技术较为常见。

5.1　热解技术原理

热解技术是利用有机物的热不稳定性，在无氧或缺氧条件下加热，使之成为气态、液态或固态可燃物质的化学分解过程。热解作为一种传统生产工艺广泛应用于木材、煤炭、重油等燃料的加工处理，20 世纪 70 年代开始被应用于有机固体废物的处理。有机固体废物经过热解处理后可以转化为便于储存运输的燃料，实现生活垃圾的资源化处理，根据产物可以分为垃圾制气、垃圾制油和垃圾制炭。高品位的燃气既可以作为工业或民用燃料，供生产、生活直接燃用，也可以通过内燃机或燃气轮机发电，进行热电联供，或者进一步合成生产液体燃料、有机化工产品；生物油可通过进一步的分离或提取制成燃料油、化工原料等；通过热解技术获得的固体燃料也被称为生物质炭，生物质炭是一种富碳固体物质，含有大量的营养物质，同时具有丰富的孔隙结构和较大的比表面积，是一种多功能材料。

热解技术根据热解温度的不同可分为高温热解、中温热解和低温热解；根据供热方式可分为直接（内部）供热和间接（外部）供热；根据热解炉型结构可以分为固定床、流化床、移动床和旋转炉等；按热解产物的聚集形态可分为气化方式、液化方式和炭化方式。

在农村生活垃圾处理中，比较常见的处理技术是热解炭化技术与热解气化燃烧技术，本章后续内容将围绕这两种技术展开介绍。

5.1.1 热解气化燃烧技术

热解气化燃烧技术与焚烧技术原理类似（详见4.1节），但又区别于直接焚烧技术。热解气化系统设有一燃室和二燃室：易腐垃圾在一燃室（750℃）中被热解气化，热解产物包括烷类、CO等可燃气体，热解气化后的残余物在缺氧环境下继续燃烧；热解产物进入二燃室（900～1100℃）过氧燃烧，烟气先经过二燃室的沉降室后排出。焚烧是物质的强氧化过程，会产生大量的SO_x、NO_x、HCl，焚烧炉温控制在1000℃以下；热解气化技术的二燃室采用过氧燃烧，工作温度最高可达1100℃，热解产物可以完全燃烧分解，二噁英残余量在极低的水平。此外，热解气化过程中的N、S极少氧化，直接减少了烟气中SO_x、NO_x污染物的排放量。

5.1.2 热解炭化技术

有机固体热解炭化就是生物质废弃物在炭化窑内进行无氧或微氧状况下的热解。在400～800℃的高温下，垃圾中的高分子有机物热解成小分子有机物并挥发出来，形成可燃气体，可燃气体经过燃烧炉的燃烧形成高温烟气并对炭化窑进行加热，余热对垃圾进行烘干，将热能充分利用，可实现整个炭化系统的能量自给，最终形成生物质炭。而废弃物中的挥发性气体、裂解气经高温燃烧后转化为无害的CO_2和H_2O，尾气经除尘、净化后达标排放。

热解炭化技术的主要影响因素是生物质原料的种类、热解设备的选型、热解的温度、升温速率、反应时间以及保护气的构成等。不同的热解条件会对产生的生物质炭的性能有较大的影响，包括固定碳含量、孔隙结构及官能团特性等。

通过破碎、干化、热解炭化的技术路线，热解炭化技术还可以协同处理有机固体垃圾和园林、农业废弃物，热解炭化产生的能量循环用于烘干，可以节省能源；非同类生物质共炭化，可以提高热解炭化效率与生物质炭的品质。

目前，针对生物质热解炭化已有较多研究，该技术工业化的主要问题是如何选择合适的热解设备、确定热解的工艺参数，使得产生的生物质炭能量密度高、形状规则、含湿率低，从而提高生物质炭资源化产品的附加值。

生活垃圾热解炭化技术的核心设备为炭化机（炭化炉）。炭化炉包括两种类型：窑式热解炭化炉和固定床式热解炭化反应炉。

窑式热解炭化炉由早期的传统土窑炭化工艺演变而来，传统土窑炭化一般以土窑或砖窑为反应装置，将炭化原料填入窑中，由窑内燃料燃烧提供炭化过程所需热量，然后将炭化窑封闭，窑顶开有通气孔，炭化原料在缺氧的环境下被闷烧，并在窑内进行缓慢冷却，最终制成炭，这种制炭方式具有周期长、炭质量不稳定的特点。现有新型窑式热解炭化系统主要针对火力控制和排气管道方面进行了改进，包括密封炉盖、窑式炉膛、底部炉栅、气液冷凝分离及回收装置，在炉体材料方面多用低合金碳钢和耐火材料，机械化程度更高、得炭质量好、适应性更强，在部分地区已投入使用。目前，国内外对窑式炭化炉体研究主要集中在利用现代化工艺和制造手段改进传统炉体上，出现了很多窑式炭化炉专利，图 5-1 就是一种具有自主知识产权、已投入工程使用的回转式热解炭化窑。

图 5-1　回转式热解炭化窑外观

固定床炭化炉源于中国古老的烧炭工艺，近年来，固定床热解炭化技术发展较快，先后出现了多种不同结构的固定床炭化炉。

固定床式炭化设备按照传热方式的不同又可分为外燃料加热式和内燃式：外燃料加热式固定床热解炭化系统包含加热炉和热解炉两部分，由外加热炉体向热解炉体提供热解所需能量，传热方式为热传导；内燃式固定床热解炭化炉则需要在炉内点燃生物质燃料，依靠燃料自身燃烧所提供的热量维持热解，传热方式包括热传导、热对流、热辐射。固定床炭化炉具有成本低、操作方便、得炭率高等优点，可适用于小规模制炭。

相关研究和实践证明，生活垃圾热解炭化获得的生物质炭疏松多孔，孔隙率达40%以上，具有丰富的孔隙结构和较大的比表面积，可作为土壤改良剂、园林种植基质、过滤吸附材料等，应用范围广。生物质炭用于土壤改良，可以增加土壤的透气性，解决土壤板结、酸化问题，提高土壤的保水能力，吸附土壤重金属，有效降低作物及食品中重金属含量，提高地温，有利于作物提早出苗和成熟，还可为土壤微生物提供良好的生存环境。

生物质炭富含P、K，无臭无药残，还田还可以降低化肥的使用量，解决肥料中微量元素不足问题，有利于提高农产品产量和品质。炭基肥增产效果：籽粒作物增产8%以上，蔬菜类增产40%以上，品质、口感显著提高，肥料效益提高10%以上，投入产出比提高10%～30%不等。生物质炭比表面积大、吸附力强，对肥料和农药也有很好的缓释作用。

图5-2是不同废弃物热解炭化产物示意图。

稻壳炭

污泥炭

猪粪炭

图5-2　不同废弃物热解炭化产物

5.2　热解技术工艺流程

5.2.1　热解气化工艺流程

热解气化工艺流程如图5-3所示。热解气化系统设备主要包括预处理装置、进料装置、热解气化炉（包括一燃室和二燃室）、除尘装置及烟囱。

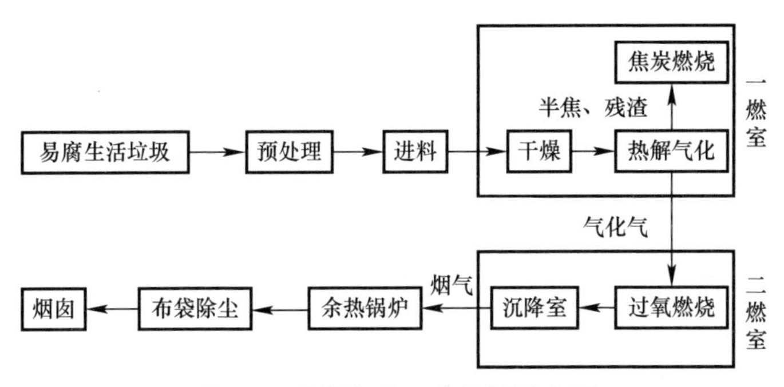

图5-3　热解气化工艺流程示意图

生活垃圾首先经过筛选和破碎预处理，再由输送机输送到螺旋进料口，进入由往复炉排构成的干燥热解气化床，此时生活垃圾的热解可分为干燥热解气化段以及焦炭燃烧段：

（1）干燥热解气化段

从炉排下部进入炉膛用于引燃的空气可采用分布控制，空气量从进料口到炉排末端依次增加，从而在后拱热辐射的作用下，形成一个生活垃圾的干燥、热解和气化连续过程。在此过程中，垃圾中的水分首先被蒸发，并且温度不断升高。从炉排下部送入的空气通过尾部烟气加热到200℃以上，用于提升前段干燥和热解效率，热裂解产生的H_2、CO、CH_4、C_2H_4以及其他烃类气体热烟气向上进入二燃室，与炉排上部喷入的空气混合后发生燃烧，部分气化后的剩余垃圾继续向炉排尾部运动。生活垃圾在往复炉排上的停留时间超过30分钟，确保有机质充分气化，未转化部分焦炭和其他不可燃固体物质进入旋转炉排继续燃烧。

（2）燃烧段

燃烧段分为可燃气体燃烧与焦炭燃烧。

一燃室产生的可燃气体（包括 H_2、CO、CH_4、C_2H_4 以及其他烃类气体）进入二燃室，与切向进入的二次风混合继续燃烧。二燃室内的燃烧但保证充分的燃烧时间、燃烧温度和湍流度。烟气从二燃室出来后进入余热锅炉进行热能回收，最后再经除尘处理送入烟囱排放。同时，热解产生的焦炭和残渣与一次风充分接触并迅速燃烧。

5.2.2 热解炭化工艺流程

热解炭化工艺流程如图 5-4 所示。热解炭化的成套设备由预处理装置、进料装置、压榨机、烘干机、炭化机、燃烧器、余热锅炉、烟气净化装置（除尘器、净化洗涤塔）、风机、输送设备和自动控制系统等组成。

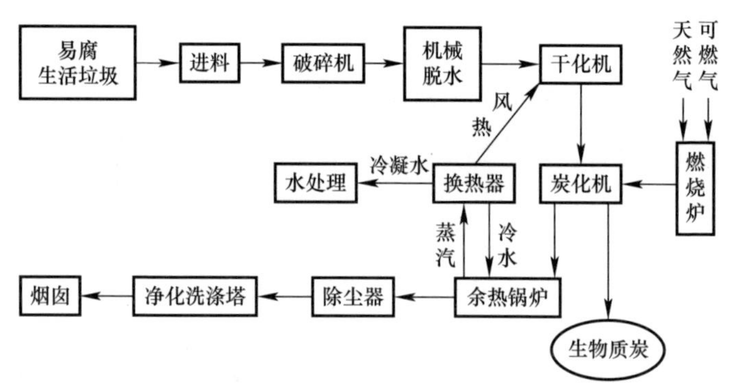

图 5-4　热解炭化工艺流程示意图

收集的易腐垃圾先经皮带输送进入破碎系统，破碎后的物料经一级机械脱水后通过皮带输送至干化机进行低温直接干化，烘干热源为炭化后的余热。余热采用间接加热转换成烘干热风，热风作为烘干载体将垃圾中的水分带出，并经冷凝系统将水分回收，冷凝后的气体再次回到热交换器进行升温、给垃圾烘干，实现循环利用。混合后的物料利用锁风给料系统送入炭化机。

炭化机采用干馏热解炭化技术，物料与高温烟气不直接接触。

炭化过程利用天然气或柴油进行初始加热、利用高温烟气对物料进行间接加热，后使物料共经历预烘干、干化、热解、炭化四个主要过程，产生的生物质炭经气炭分离后利用冷却出料机排出，同时喷洒适当水分，然后装包。

热解气在燃烧炉进行高温燃烧，燃烧温度≥850℃，停留时间不小于2s；经充分燃烧的高温烟气回到炭化机为后续物料炭化提供热能，并最终经烟道排出炭化机，此时的烟气温度约为500～600℃。为了充分利用热能，该部分高温烟气进行余热交换，并实现急冷过程。产生的余热可对易腐垃圾进行烘干，实现热能的高效利用。

5.3　热解工艺的运行与管理

5.3.1　热解工艺的运行管理原则

热解工艺的运行管理原则如下：

(1) 运行管理人员必须牢固树立安全第一的思想观念，在运行管理过程中时刻注意安全问题，消除不安全因素，保障人身安全。

(2) 机组中的特种设备及计量器具仪表，必须符合国家相关法律、条例、安全技术规范及规程的规定要求。

(3) 热解设备在使用中，其自动控制、联锁保护及其他保护装置应完好，不允许在非保护状态下运行。

(4) 保持厂房及其周边场地、运行车间、设备外观控制室的干净整洁。

(5) 保证尾气、废液各处理设备处于完好状态，运行稳定，保持良好效果，使排放达标。

(6) 做好各设备的维护保养工作，使之状态完好，运行平稳，无异响，控制好运行车间的噪声。

(7) 经常检查管道、仪表、阀门及保温状况，确保其完好、严密，及时消除跑、冒、滴、漏等状况。

5.3.2 热解工艺的安全管理

热解工艺的安全管理如下：

（1）炭化窑炉及其热解气管路、管件必须严密，不允许有外漏。

（2）炭化窑炉出口的热解气的含氧量必须控制在标准范围内，以防热解气的燃烧回火以及其他不安全因素的产生。

（3）运行车间必须备有足够的消防器材；运行车间禁止抽烟；机组运行时车间不允许有明火行为，动火操作须经上报批准。

（4）设备运行中严禁打开燃烧炉及其烟风系统、炭化窑及其热解气管路系统上的检查门孔进行检修。

（5）设备在停机时，燃烧炉及其烟道、炭化窑及其热解气的管道中，不允许有残存的可燃气体存在。较长时间停炉时，还应采取必要的防腐、防冻措施。

5.4 热解工艺的优缺点及适用范围

5.4.1 热解工艺的优缺点

1. 工艺优点

热解工艺优点如下：

（1）热解采用热化学处理技术，处理速度快、周期短，处理量大。

（2）能源转化效率高，减量化显著，无害化彻底，处理后可100%杀灭各种有害原菌，彻底消除抗生素残留。

（3）应用范围广，可以协同处理包括混合生活垃圾及园林、农业废弃物在内的多种生物质废弃物。

（4）受温度等气象条件影响小，在国内各地都可以使用。

相比于焚烧技术，热解气化技术的二次污染小，表5-1对比了两种热处理技术的污染物排放值。热解气化过程中的还原性气氛有利于减少二噁英的生成，因为较低的氧含量可以限制二噁英的前驱物的合成以及氯化反应的进行，从而限制二噁英的生成以及高氯代二噁英的产生，对控制烟气中二噁英的排放非常有利。同时生活垃圾气化还可以有效降低重金属向烟气和飞灰的迁移，并提高底渣中的重金属富集，从而减轻重金属带来的二次污染。

生活垃圾气化技术和焚烧技术的污染物排放对比　　表5-1

厂商	技术	重金属排放量（mg/Nm^3）	二噁英（$ng\ ITEQ/Nm^3$）
Lurgi	炉排炉焚烧	<0.2	0.03
Thermo-select	热解&气化	0.01	0.0005
Compact Power	热解&气化	0.006	<0.003
WasteGen	热解	0.054	0.001
Energos	气化	0.024	0.0009

2. 工艺缺点

工艺缺点如下：

热解气化工艺相对于其他处理方法在技术上要求较高，机械处理设备复杂，投资成本及运行管理成本也相对较高。同时，由于使用时存在一定的安全风险，对工作人员工作素质要求高，需要对人员进行系统的安全教育，并建立经常性的安全教育制度。操作人员、维修人员、安全监督员必须经过技术培训，并经考核合格后方可上岗。

5.4.2 热解工艺的适用范围

热解工艺适用于人口密度高、有机固体废物量与农林废弃物量相对较大，并且经济条件较好或城乡一体化程度较高的农村地区使用，在寒冷地区使用具有较独特优势。

5.5 热解工艺的工程案例

5.5.1 金华市生物质废弃物协同园林废弃物热解炭化项目

位于浙江省金华市金东区多湖镇的生物质废弃物协同园林废弃物热解炭化项目，总投资约800万元，图5-5为生物质废弃物协同园林废弃物热解炭化装置。该项目的核心技术为热解炭化技术，可实现生物质废弃物联合园林废弃物稳定化、减量化、资源化、无害化处置，生产的生物质炭有机碳含量达50%以上，具有良好的纳米孔隙，疏松洁净，富含养分，适宜作为园林绿色基质。该项目每年可处理生物质废弃物近7000t，金东区易腐生活垃圾的无害化处理处置提供了一条新的路线。

图5-5　生物质废弃物协同园林废弃物热解炭化装置

5.5.2　浙江省舟山市嵊泗县生活垃圾无害化处理项目

嵊泗西洋湾生活垃圾无害化处理厂由嵊泗县政府投资建设，总投资人民币2600余万，占地面积4.4亩，设计处理规模为25t/d，主要处理对象为嵊泗县嵊山镇和枸杞乡的生活垃圾。

项目采用浙江泰来环保科技有限公司自主研发的立式旋转热解气化技术，此技术是一种在国内外广泛应用的先进低氮燃烧技术。烟气净化环保工艺采用半干法脱酸＋活性炭吸附＋布袋除尘工艺，并装有烟气实时在线检测装置，烟气排放达到国家标准。项目日常飞灰产生量较少，因此采用一周集中固化处理飞灰模式，养护后由镇政府委负责转移处置。项目日常产出的炉渣由镇政府委托环卫部门使用专用车辆送至垃圾填埋场进行处置。

图 5-6　嵊泗县西洋湾生活垃圾无害化处理厂外观

该项目于 2016 年 6 月进行试运行，2017 年 6 月 6 日通过环保验收，投入运行后，嵊山岛的生活垃圾能够就地实现减量化、资源化、无害化，极大地改善了当地的生态文明环境。作为全国首个海岛生活垃圾热解气化处理项目，该项目具有较好的示范意义。

第6章　易腐垃圾黑水虻生物转化技术

在微生物的协同作用下，生活垃圾中的有机物可以作为水虻、蝇蛆、蚯蚓等腐生性低等动物的食物被代谢分解，这些动物本身还可以成为人类可利用的蛋白。利用蝇蛆和水虻科昆虫处理农村易腐生活垃圾，不仅可以实现生活垃圾的快速减量，还可以实现高值化利用，具有良好的发展前景。目前，经过多年的研究以黑水虻为代表的腐蠕性生物养殖及生物转化，技术水平已达到成熟，在农村生活垃圾规模化处理的实践中得到了应用。

6.1　黑水虻高效生物转化技术原理

利用黑水虻处理农村易腐垃圾，最大的特点在于对易腐垃圾减量化处置的同时对产物进行高值化利用。在黑水虻的整个生命周期中，只有幼虫期大量取食，黑水虻幼虫能够以餐厨垃圾、畜禽粪便以及残余农副产品等作为食物，将其转化为自身物质，如蛋白质和脂类，从而达到减轻环境污染的目的。黑水虻幼虫大量取食有机垃圾时，不仅使得垃圾减量，同时其虫体迅速长大，作为一种富含营养的蛋白和脂类来源，可以应用于畜禽水产养殖、生物柴油提取，也可以将收获的幼虫直接喂鸡、鱼、虾、黄鳝、鸟、林蛙等，并已被证明不会带来不利影响。

6.1.1　黑水虻生命周期简介

黑水虻学名为亮斑扁角水虻（*Hermetiaillucens*）。黑水虻起源于南美洲，主要以动物的粪便和尸体为食，随后随着人类活动向全球扩散并定居。目前在全球的热带、亚热带和温带的大部分地区都有分布。黑水虻在我国的广东、广西、海南，云南、四川、福建、河北、湖北等地区都有分布。

如图 6-1 所示，黑水虻的一生分成 5 个阶段：卵、幼虫、预蛹、蛹和成虫，是一种完全变态昆虫。在自然界中，黑水虻通常在潮湿的腐烂有机质周边干燥的缝隙中产卵，卵孵化所需的时长与环境有关，比如季节、温度、地区。相关实践和研究证明，黑水虻卵在 24℃下需要 102～105h 孵化。随着幼虫长大，不断蜕皮，颜色逐渐由白色转为淡黄色，再转为棕色。当幼虫表皮变成深棕色，甚至黑色，体表软毛长而粗糙时，即进入预蛹阶段。预蛹不再取食，不再蜕皮，体长基本不再变化，体重会不断减少。黑水虻幼虫在预蛹期具有迁移性，会爬出物料，寻找隐蔽的地方化蛹，如缝隙或者沙土中，此时的幼虫适宜收获作为饲料。进入蛹期后，虫体不能活动，蛹壳坚硬，体节舒张，蛹体前半部分增厚，尾部微微下弯。成虫体长 15～20mm，触角宽、扁且长，体黑色并具蓝紫色光泽，腹部前端两侧各具一白色半透明的斑，足的胫节白色，其余黑色。黑水虻成虫依靠之前储存的营养，不再取食，只需饮水即可存活。在适宜条件下，雌雄成虫交配几天后，雌虫会在潮湿的腐烂有机质周边干燥的缝隙中产卵。黑水虻以卵块的形式聚

图 6-1　黑水虻不同的生长阶段

产，卵块的尖端向一端倾斜，使卵块呈扇贝形状。卵块具明显的2～4层的分层，每枚卵之间排列较为疏松，卵粒上粘附有大量液滴。单卵为乳白色，半透明，长椭圆型，似米粒状，长1.4±0.1mm，直径0.3mm，每个卵块有206～639枚卵。

6.1.2 黑水虻的人工饲养

对黑水虻进行人工饲养是黑水虻生物转化技术的关键环节，从曾经的野外诱导收集卵到如今在人工环境中成虫交配产卵，人工饲养已经在不断尝试中取得成功。黑水虻原产于气候温暖的地区，在实际应用中，人为改变环境因素，如合理调控光照、温度和物料条件，能使其在更大气候范围地区内生长繁衍。

光照因素会影响黑水虻的交配产卵。多次实验表明，一定强度的太阳光是黑水虻交配的重要因素，而人工光源（如石英碘灯或LED灯）也具有促使黑水虻交配产卵的作用。

黑水虻的耐低温能力受自身生长时期影响，不同时期黑水虻的耐低温能力从高到低分别为蛹期≈预蛹＞高龄幼虫＞低龄幼虫。喂食基质的不同也会影响黑水虻耐低温能力，在富含营养的食物基质中生长的黑水虻耐低温能力较弱。

黑水虻的食谱非常广，一般可腐烂的有机物都可作为食料，比如粪便、蔬菜、水果、厨余垃圾、畜禽饲料等。虽然其取食食谱非常广，但食物基质的类别会影响黑水虻的生长情况。如果分别用蛋白质基质、纤维基质以及蛋白质纤维均衡基质培养黑水虻，均衡基质培养出的黑水虻生长最好，蛋白质基质和纤维基质的产出虫量分别只有其36%和17%。此外，基质中的蛋白质和碳水化合物比例也会影响黑水虻的生长，通常蛋白质和碳水化合物含量越均衡，黑水虻长得越快、存活率越高。

6.1.3 黑水虻利用价值

黑水虻可以作为饲料的优质蛋白原料，2013年10月，联合国FAO推出《可食用昆虫报告》，力推在世界范围内用昆虫替代畜禽蛋白饲料的来源，黑水虻即为其中应用前景很广的一种；欧盟第七框架国际合作项目“PROteINSECT”致力于开发利用昆虫作为可持续蛋白来源（Insects as a sustainable source of protein），项目主张重新审查欧盟法规，以便将昆虫幼虫用作动物饲料中的蛋白质来源；在中华人民共和国农业农村部发布的《饲料原料目录》中，昆虫粉也已被列入其中（原料编号 9.2.7）。黑水虻预蛹干物质含量 44%，其中有 42%蛋白质和 35%的脂类，包括氨基酸和脂肪酸，其中粗蛋白质含量与植物性蛋白原料（如葵籽饼、豆粕等）相近，但低于鱼粉；粗脂肪和粗纤维含量较高，显著高于鱼粉和豆粕，而灰分含量高于豆粕但低于鱼粉。

黑水虻幼虫药用价值潜力较大，经过诱导，黑水虻幼虫会产生溶菌酶、抗菌肽、凝集素等多种免疫成分。黑水虻预蛹虫壳含有大量壳聚糖，壳聚糖（又称脱乙酰甲壳素）是由自然界广泛存在的几丁质经过脱乙酰作用得到的，这种天然高分子具有生物官能性和相容性、血液相容性、安全性、微生物降解性等优良性能，因此被各行各业广泛关注，在医药、食品、化工、化妆品、水处理、金属提取及回收、生化和生物医学工程等诸多领域的应用研究中取得了重大进展。目前已有研究报告显示壳聚糖具有降血脂、降血糖的作用，若将黑水虻蛹壳经过提取分离制得壳聚糖，则可以最大限度地增加项目收益。

黑水虻幼虫富含脂类，具有提取生物柴油的潜力。利用黑水虻幼虫萃取油类，产油率可达近 30%（以虫干粉计），并且在这种昆虫油中具有 22.54%的油酸类、12.67%的亚麻油酸类和 6.45%的棕榈油类。目前利用黑水虻进行昆虫油脂的提取，技术工艺上仍处于研究阶段，大规模工程应用仍需要更多探讨。

6.2　黑水虻处理易腐生活垃圾工艺流程

黑水虻处理易腐垃圾工艺流程主要分为三个阶段：预处理、生物处理以及后处理，如图 6-2 所示。

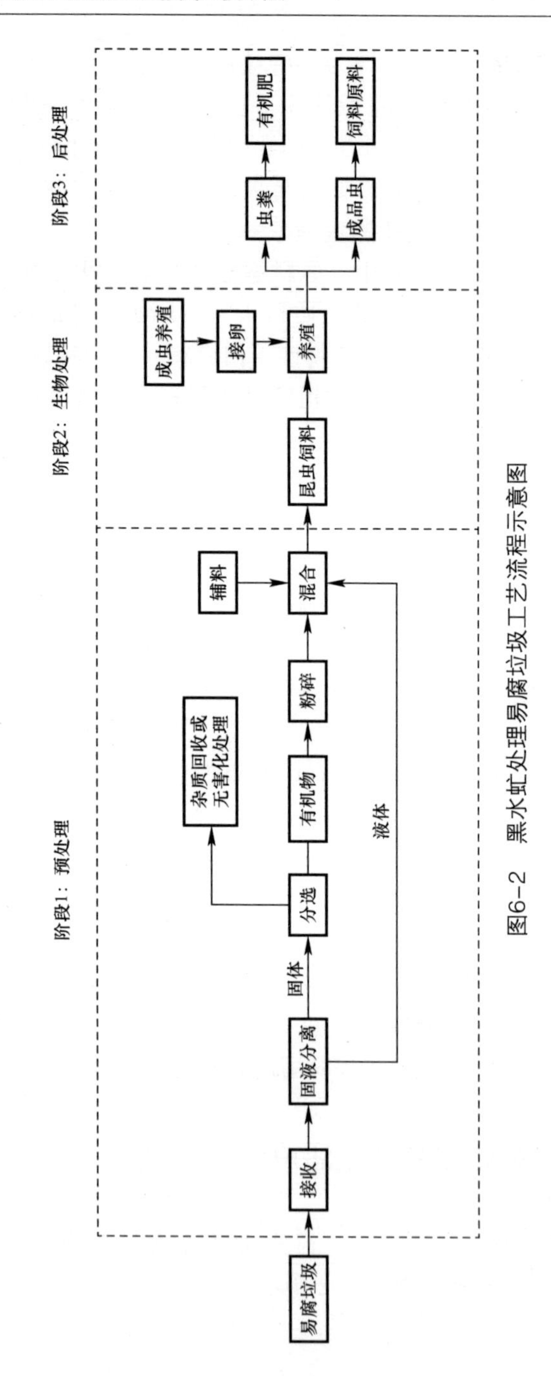

图6-2 黑水虻处理易腐垃圾工艺流程示意图

6.2.1　预处理

对易腐垃圾进行预处理，有利于其特性适合后续处理单元。预处理工序包括易腐垃圾的卸料与接收、固液分离、破碎、浆料的制备与储存。其中，固液分离后分选出来的杂质应进行回收利用或无害化处理；垃圾破碎工艺应根据易腐垃圾输送工艺和处理工艺的要求确定，破碎后的易腐垃圾，加入辅料调节水分达到70％制成垃圾浆料；易腐垃圾浆料储存于密封罐中，防止气味溢出。

6.2.2　生物处理

生物处理阶段的工序包括易腐垃圾浆料的输料与布料、虫卵孵化、幼虫培育、幼虫接种与养殖以及幼虫和虫粪收集与分离。生物处理车间的环境温度不宜高于36℃。

1. 输料与布料

浆料在输送前应控制水分，布料时厚度要求均匀，可依据环境温湿度确定，环境温度低时，厚度可以相对增高。

2. 虫卵孵化

黑水虻虫卵置于孵化装置内进行孵化，在孵化过程中控制温度与湿度，尽量将同一天产的卵一起孵化，以便于后期的管理。

3. 幼虫培育

黑水虻幼虫培育过程中也需要控制浆料的湿度，同时根据幼虫的数量、生长阶段和采食速度添加浆料，以保证幼虫获得足够的营养源，其中幼虫数量由孵化育雏率决定。

4. 接种与养殖

将培育好的黑水虻适龄幼虫接种至待处理浆料中进行养殖，接种数量由浆料量决定，接种幼虫应具有较强的抗逆性和生命活力，规格达到一定标准，虫群大小均匀，处于2龄期。在养殖过程中要根据黑水虻采食速度和生长速度及时进行补料。

5. 收集与分离

黑水虻幼虫养殖达到一定虫体规格、易腐垃圾基料达到一定条件标准时，将黑水虻幼虫和基料一同收集。黑水虻幼虫虫粪分离可以根据幼虫和虫粪的物理特性或生理特性进行分离，若根据物理特性分离幼虫，可采用三层振动筛进行分离，旋风分离器去除杂质，此时需注意控制幼虫产品杂质含量。

6.2.3 后处理

后处理工序包括幼虫的保存及处理、虫粪保存及后续处理。

黑水虻处理易腐垃圾生产所得的幼虫可加工作为优质饲料原料，其质量应符合国家饲料原料标准要求，饲料成品质量应符合现行国家标准《饲料卫生标准》（GB 13078）以及国家现行有关饲料产品标准的规定，饲料化产品包装及标签应符合现行国家标准《饲料标签》的规定。黑水虻处理易腐垃圾生产所得的虫粪残余物可开发作为有机肥，其有机肥产品质量应符合现行国家标准《有机肥料》（NY 525）的要求。对不能及时进行后续加工处理的幼虫进行低温保存，收集的虫粪保存在通风干燥环境下，避免发霉变质。

6.3 黑水虻高效生物转化技术的运行与管理

6.3.1 黑水虻高效生物转化技术的运行管理原则

黑水虻高效生物转化技术的运行管理原则如下：

（1）易腐垃圾在卸车前后需进行计量，卸料间应封闭，卸料过程做到自动化、无缝对接、无污水溢出，全程封闭控制气味。

（2）预处理设施和设备应具有耐腐蚀、耐负荷冲击等性能和良好的预处理效果，尤其是垃圾破碎设备应具有防卡功能，防止坚硬粗大物损坏设备。

（3）垃圾浆料每次输送结束时应清洗输送通道中的浆料，以避免在通道中结块堵塞管道和发生变质。

（4）生物处理过程应做到系统稳定、无污水排出、厂界外臭气达标。在对黑水虻补料过程中应控制水分，注意料温的变化，浆料厚度适宜，分布均匀；幼虫及虫粪收集后应注意虫料混合物堆积不能过高，以免产生高温导致死虫，应尽快进行分离处理。

(5) 全过程配置除臭处理工序，根据不同处理工序需求设置臭氧消毒、喷淋除臭、负压抽风等装置进行除臭，经处理后的恶臭气体浓度应符合现行国家标准的有关规定。

(6) 在黑水虻处理工艺中，易腐垃圾中的污水经过两相分离后又重新回到浆料中成为黑水虻采食的对象，即此部分污水无需处理；对于幼虫加工如漂洗过程中产生的污水应采用絮凝、沉淀的等途径进行处理，并实现中水回用或达标排放；此外，厂内垃圾收集车经过的道路和卸料平台的初期雨水，应进行截流并纳入厂区污水管道。

6.3.2 黑水虻高效生物转化技术的安全管理

黑水虻高效生物转化技术的安全管理如下：

(1) 黑水虻高效生物转化工程的高压供电要求应满足国家标准《3-110kV高压配电装置设计规范》(GB 50060) 中的相关规定，工程消防系统设置应满足国家标准《建筑设计防火规范》(GB 50016)。

(2) 处理车间设施设备需防潮湿、耐腐蚀，电力设备具有自动漏电保护开关，压力容器应按《压力容器设计标准》(GB 150) 进行设计，高温设备应有保温措施。

(3) 厂房内及时通风，对于噪声、臭气应采用有效措施治理，治理后能分别符合现行标准《工业企业厂界环境噪声排放标准》GB 12348 及《恶臭污染物排放标准》(GB 14554)。

(4) 操作人员在工程运行中需配备必要的个人防护用具。

6.4 黑水虻高效生物转化技术的优缺点及适用范围

6.4.1 黑水虻高效生物转化技术的优缺点

1. 工艺优点

(1) 处理效率高，可快速实现垃圾减量；

（2）同时处理过程中可不产生废水与残余固废，且无生物污染；

（3）产品价值高，黑水虻虫体是饲料蛋白的理想原料，二次堆肥后的虫粪堆体可作为作物肥料、栽培基质等应用于种植业；

（4）实现企业化经营，采取 PPP 政企合作模式，由企业自主投资和运维，具有产业化发展前景。

2. 工艺缺点

黑水虻的养殖条件要求高，需要保证光线充足、通风良好、交通便利，饲养幼虫的饲养室最好是能加温控温的场所。黑水虻成长期要做好黑水虻的防逃工作。此外，对优质种虫的培育和规模化的管理方式也是该技术中的一个难点。

6.4.2 黑水虻高效生物转化技术的适用范围

黑水虻高效生物转化技术适用于有机固体废物产生量大、管理水平较好的地区，可在建制镇或者人口集中、运输距离短的地区以多村联建的形式建设运行。

6.5 黑水虻高效生物转化技术的工程案例

浙江省临海市餐厨垃圾黑水虻终端资源化项目由浙江衡态生物科技有限公司（图 6-3）负责，日处理餐厨垃圾 20t。

图 6-3　浙江衡态生物科技有限公司黑水虻养殖基地

项目利用黑水虻对餐厨垃圾进行减量化、资源化、无害化的技术成熟稳定：项目中安排餐厨垃圾专用收集和运输车辆，配套完善的餐厨垃圾收运系统，保证餐厨垃圾的单独收集与密闭运输；项目工艺包含餐厨垃圾前端固液分离单元、油水分离单元、黑水虻终端处理单元以及黑水虻产品加工单元，其主体工艺如图 6-4 所示：

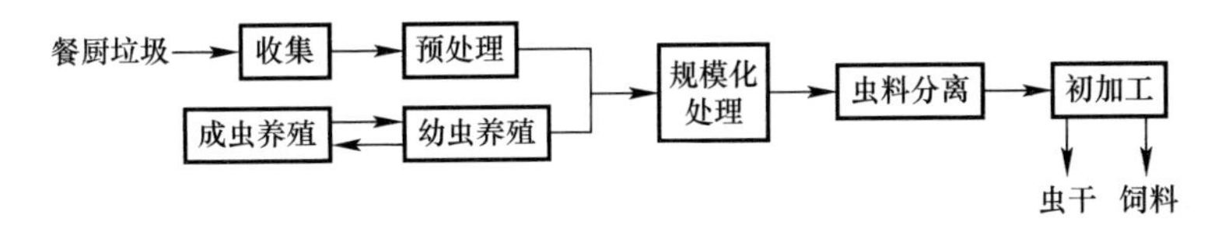

图 6-4　餐厨垃圾黑水虻终端资源化项目工艺流程图

项目同时完善了餐厨垃圾从产生到收运、处理全过程的登记制度，有效监管餐厨垃圾及其资源化产品的流向，总体上实现了黑水虻的规模化、标准化生产及加工，并以高效率的方式实现了餐厨垃圾的生物处理减量化过程。

第 7 章　技术对比与分析

农村生活垃圾的分类工作是后续处理处置工作的基础，分类收集后的农村生活垃圾可采用多种方法相结合的方式进行处理，最终达到垃圾减量化、资源化、无害化的目的。现阶段，我国农村易腐生活垃圾实用处理技术主要包括堆肥处理技术、厌氧发酵技术、热处理技术及黑水虻生物转化技术等，表 7-1 从垃圾处理效果、处理成本、占地面积以及适用范围等多方面概括比较了上述四种常用技术。

堆肥处理技术可分为好氧堆肥技术和兼氧沤肥技术，代表应用模式为好氧堆肥仓、快速成肥机（好氧堆肥）以及阳光堆肥房（兼氧沤肥）。堆肥技术的特点包括：设施运行稳定，使用寿命长，管理方便；投资与运行成本较低；垃圾堆肥后可由专业公司、农业合作社用于制作有机肥或直接还田增肥。堆肥技术适用于有机肥需求量较大的农村地区，可以根据村情村况，因村制宜选择集镇所在地村、中心村连带周边村联建共建堆肥仓或阳光房。

厌氧发酵技术可将垃圾中大部分可生物降解的有机物质进行分解，将其转化为沼气，发展农村生活垃圾的厌氧发酵产沼技术有利于优化广大农村地区能源消费结构。其工艺特点为：厌氧产沼的密闭条件远优于堆肥，通过沼气燃烧利用可同时实现臭气的处理；沼气是可再生的清洁能源，既可替代秸秆、薪柴等传统生物质能源，也可替代煤炭等商品能源；衍生的沼液沼渣，富含植物营养成分和腐殖化有机物，经一定处理后可作为有机肥进行农田利用，扩大了有机肥料的来源。对于农村生活垃圾而言，在目前的技术条件下，由于厌氧产沼技术复杂度高，工业化的厌氧产沼一般不适合村镇规模应用；而小型地埋式厌氧发酵工艺较简单，运行费用低，灵活性高，比较适合村镇规模应用。人口密度较高、易腐垃圾量相对较大、易腐垃圾纯度高、有沼渣沼液消纳利用途径和一定沼气池使用经验的农村地区适宜采用厌氧产沼技术处理农村生活垃圾。

热解技术是利用有机物的热不稳定性，在无氧或缺氧条件下加热，使之成为气态、液态或固态可燃物质的化学分解过程。在农村生活垃圾处理中，比较常见的热处理技术是热解炭化技术与热解气化燃烧技术。热解技术的特点包括：处理速度快、处理量大、能源转化效率高，二次污染小，应用范围广；相较于其他处理技术更为复杂，同时存在一定的安全风险，对工作人员工作素质要求高。热解技术适用于人口密度高、有机固体废物量与农林废弃物量相对较大的地区。可以根据村情村况，因村制宜选择集镇所在地村、中心村连带周边村联建共建，站房选址以乡镇垃圾中转站旁为佳。

黑水虻高效生物转化技术是一种新型的农村生活垃圾处理技术，该技术利用黑水虻幼虫能够以餐厨垃圾、畜禽粪便以及残余农副产品等作为食物的原理，达到垃圾减量的目的，同时黑水虻虫体迅速长大，虫体富含蛋白质和脂类，可以应用于畜禽水产养殖、生物柴油提取等。黑水虻生物转化技术处理效率高，不产生二次污染，获得的产品价值高，可实现企业化经营，由企业自主投资和运维，具有产业化发展前景。其中，对优质种虫的培育和规模化的管理方式是该技术中的一个难点。

党的十九大报告提出了“加快生态文明体制改革，建设美丽中国”，新的目标、任务、举措，美丽乡村是美丽中国建设的重要组成部分，也是实现农村全面建成小康社会的重要内容。近年来，农村生活垃圾的污染与治理正逐渐引起社会的广泛关注，各省、市、自治区积极开展农村生活垃圾整治工作，并取得了一系列阶段性成果。要解决农村生活垃圾问题，需要结合村情村况，首先要做好生活垃圾的分类收集工作，再要因地制宜地选择生活垃圾处理技术，必要时可采取多种技术联用的模式，同时提高生活垃圾处理设施运行的稳定性，强化基层队伍的监管能力。通过加大农村生活垃圾的治理力度，推进美丽乡村建设，为农村地区的群众构建良好的人居环境。

农村生活垃圾处理技术对比 表 7-1

农村生活垃圾处理技术		垃圾处理效果	资源化效果	投资及运行成本	占地面积	适用范围
堆肥	好氧堆肥仓	易腐垃圾减量明显，无害化程度高，处理周期在30～40d	堆肥产品可由专业公司用于制作有机肥或直接还田增肥	半机械化运行，投资及运行成本比阳光房高。日处理量3～5吨的好氧堆肥仓的投资成本约200万元	1000m²(处理量3～5t/d)	适用于人口密度高，有机肥需求量较大的农村地区
	阳光堆肥房	为保证堆肥品质和无害化程度，处理周期较长		单村阳光房人均成本约16.25元/(年·人)；多村联建阳光房人均成本约14.5元/(年·人)	阳光房占地最低限为350m²	适用于人口密度不高且相对稳定，日人均垃圾量也相对平稳的农村地区
	快速成肥机	减量率可达80%以上，处理周期在5d内		耗电量大，运行成本高，管理维护要求高。包括垃圾运输车成本以及人工费在内约15.1元/年·人	较堆肥仓和阳光房的占地面积小	适用于经济条件好、管理水平较好的农村地区
厌氧发酵		易腐垃圾减量化效果好，处理周期大于60d	每吨易腐垃圾产生沼液量≥200kg，产生沼气量≥3m³；沼液可作为有机肥，沼气回收做燃料	处理量为1t/d的地埋式厌氧发酵系统总投资成本约45万元，管理维护简便，运营费用极少	地埋式厌氧发酵系统（处理量1t/d）占地面积约为120m²	适用于人口密度较高、易腐垃圾量相对较大、易腐垃圾纯度高、有沼渣沼液消纳利用途径和一定沼气池使用经验的农村地区
热处理		处理速度快、周期短，处理量大，垃圾无害化彻底，彻底消除抗生素残留	热解气化可进行热能回收；热解炭化产生的生物质炭可作为土壤改良剂、园林种植基质、过滤吸附材料等	前后机械处理设备更复杂，投资成本及运行管理成本较其他处理技术高	与焚烧技术占地相似，占卫生填埋场的1/20～1/15	适用于人口密度高、有机固体废物量与农林废弃物量相对较大、经济条件较好或城乡一体化程度高的农村地区
黑水虻生物转化		易腐垃圾可减量80%左右	黑水虻虫体是饲料蛋白的理想原料，二次堆肥后的虫粪堆体可作为作物肥料、栽培基质等应用于种植业	光—温—湿—风等智能调控设备要求高，投资成本较高，运行成本低	占地面积较大，日处理垃圾量15t的项目占地约16亩	适用于易腐垃圾量相对较大的农村地区

参考文献

[1] 何品晶，张春燕，杨娜，等. 我国村镇生活垃圾处理现状与技术路线探讨 [J]. 农业环境科学学报，2010，29（11）：2049-2054.

[2] 张颖，张林楠，李婉赢，王辉琴，武扬，何冰. 中国农村生活垃圾处理现状分析 [J]. 环境保护前沿，2017，7（5）：373-379.

[3] 韩智勇，费勇强，刘丹，等. 中国农村生活垃圾的产生量与物理特性分析及处理建议 [J]. 农业工程学报，2017，33（15）：1-14.

[4] 黄向辉. 论农村生活垃圾的处理方式及其发展 [J]. 资源节约与环保，2018（1）：105-106.

[5] 管蓓，刘继明，陈森. 农村生活垃圾产生特征及分类收集模式 [J]. 环境监测管理与技术，2013，25（3）：26-29.

[6] 姚伟，曲晓光，李洪兴，等. 我国农村垃圾产生量及垃圾收集处理现状 [J]. 环境与健康杂志，2009，26（1）：10-12.

[7] 岳波，张志彬，孙英杰，等. 我国农村生活垃圾的产生特征研究 [J]. 环境科学与技术，2014，37（06）：129-134.

[8] 中华人民共和国住房和城乡建设部. 关于全面推进农村垃圾治理的指导意见 [Z]. 2015-11-03.

[9] 祝维伟. 农村生活垃圾分类减量处理的实践与思考 [J]. 新农村，2017（7）：5-7.

[10] 中华人民共和国住房和城乡建设部. 关于推广金华市农村生活垃圾分类和资源化利用经验的通知 [Z]. 2016-12-22.

[11] 吕月珍，潘扬，孔朝阳. 农村生活垃圾治理“浙江模式”调查研究 [J]. 科技通报，2018，34（12）：262-267+272.

[12] 邵晨曲. 以美丽乡村建设为引领扎实推进农村生活垃圾分类处理 [J]. 政策瞭望，2017（10）：42-44.

[13] 尚晓博，张朝升，荣宏伟，等. 中国农村生活垃圾问题与解决对策 [J]. 现代化农业，2011（11）：34-36.

[14] 陈昆柏，何闪英，冯华军. 浙江省农村生活垃圾特性研究 [J]. 能源工程，2010（1）.

[15] 李琳. 农村生活垃圾资源化处理相关问题研究 [J]. 资源节约与环

保，2015（2）：156-156.
[16] 宋晓凯. 我国农村环境问题的现状、成因及责任主体 [J]. 青岛农业大学学报（社会科学版），2010，22（1）：28-31.
[17] 董丽丽，于玲. 我国农村生活垃圾现状及处理对策 [J]. 现代农业科技，2013（16）：223-223.
[18] 管静雪. 贵州省农村生活垃圾治理发展路径探索 [J]. 建筑工程技术与设计，2015（25）.
[19] 裘一佼，孔朝阳. 垃圾分类的浙江经验 [J]. 今日浙江，2017（1）：54-55.
[20] 袁家军. 高质量推进农村人居环境提升，全力打造现代版"富春山居图" [J]. 农村工作通讯，2018（10）：14-15.
[21] 中央农办，农业农村部，国家发展改革委. 关于深入学习浙江"千村示范、万村整治"工程经验扎实推进农村人居环境整治工作的报告 [Z]. 2019-03-06.
[22] 浙江省"千村示范、万村整治"工作协调小组办公室. 浙江省农村生活垃圾分类处理工作"三步走"实施方案 [Z]. 2018-04-13.
[23] DB33/T 2091—2018，农村生活垃圾分类处理规范 [S].
[24] 赵天涛，梅娟，赵由才. 固体废物堆肥原理与技术 [M]. 化学工业出版社，2016.
[25] 杨恋. 城市生活垃圾好氧堆肥实验及嗜热微生物群落研究 [D]. 湖南大学，2008.
[26] 杨朝晖，曾光明，蒋晓云，等. 城市垃圾堆肥过程中的生物学问题研究 [J]. 微生物学杂志，2005，25（3）：57-61.
[27] Huang，G. F.，Wong，J. W. C.，Wu，Q. T.，et al.. Effect on C/N on composting of pig manure with sawdust [J]. Waste Management，2004，24（8）：805-813.
[28] 李群岭，耿富卿. 好氧堆肥接种微生物的效果研究进展 [J]. 作物研究，2014，28（07）：867-870.
[29] 曹文胜，曹军，王阳，等. 微生物接种应用于好氧堆肥的研究进展 [J]. 绿色科技，2016（24）：18-19，21.
[30] 黄国锋，钟流举，张振钿，等. 有机固体废弃物堆肥的物质变化及腐熟度评价 [J]. 应用生态学报，2003，14（5）.
[31] Zucconi F，Pera A，Forte M，et al. Evaluating toxicity of imma-

ture compost [J]. BioCycle (USA), 1981, 22 (2): 54-57.

[32] 汤江武，吴逸飞，薛智勇，杨敏华，杨红. 畜禽固弃物堆肥腐熟度评价指标的研究 [J]. 浙江农业学报，2003 (05): 23-26.

[33] 骆爽爽. 太阳能辅助好氧堆肥处理农村生活垃圾的技术研究 [D]. 浙江大学，2017.

[34] 宁平. 固体废物处理与处置 [M]. 高等教育出版社，2007.

[35] 本刊综合. 农村生活垃圾分类处理之金华模式 [J]. 湖南农业，2018 (02): 32.

[36] DB3301/T 0261—2018，农村生活垃圾阳光房处理技术与管理规范 [S].

[37] DB11/T 272—2014，生活垃圾堆肥厂运行管理规范 [S].

[38] NY 525—2012，有机肥料 [S].

[39] 王红睿. 沼气发电技术的探讨 [J]. 城市建设理论研究：电子版，2014 (24).

[40] 田嘉琛. 对农村沼气（甲烷气）的认知 [J]. 科技致富向导，2015 (14): 31-31.

[41] 张无敌，刘伟伟，尹芳. 农村沼气工程技术 [M]. 化学工业出版社，2016.

[42] 刘彦昌，刘敏，左士平. 沼气建设与利用 300 问 [M]. 中原农民出版社，2007.

[43] 邱少禹. 沼气工程利用研究 [J]. 中国化工贸易，2015 (34).

[44] 汪国刚，郑良灿，刘庆玉. 沼气干式厌氧发酵技术研究 [J]. 环境保护与循环经济，2014，34 (12): 48-52.

[45] 王玲欣，王玉新，郭兰英. 创造适宜的沼气发酵环境 [J]. 北京农业，2009 (22): 12-12.

[46] 赵由才. 固体废物处理与资源化 [M]. 化学工业出版社，2006.

[47] 金赵明. 浅析湿式厌氧与干式厌氧发酵技术及相关案例 [J]. 环境保护与循环经济，2018 (5).

[48] 刘建伟，何岩. 餐厨垃圾两相厌氧发酵技术研究和应用进展 [J]. 科学技术与工程，2017 (06): 193-201.

[49] 刘爱民. 生物肥料应用基础 [M]. 东南大学出版社，2007.

[50] GB/T 51063—2014，大中型沼气工程技术规范 [S].

[51] GB/T 4752—2016，户用沼气池施工操作规程 [S].

[52] NY/T 2371—2013，农村沼气集中供气工程技术规范 [S].
[53] NY/T 667—2011，沼气工程规模分类 [S].
[54] NY/T 1220.1—2006，沼气工程技术规范 第1部分：工艺设计 [S].
[55] 耿雁，来世鹏. 生物质油精制燃料油技术的研究进展 [J]. 煤气与热力，2014，34 (9)：17-20.
[56] 李保强，刘钧，李瑞阳，等. 生物质炭的制备及其在能源与环境领域中的应用 [J]. 生物质化学工程，2012，46 (1)：34-38.
[57] 曹凤中，李元实，李京. 影响垃圾热解的技术因素分析 [J]. 中国科技成果，2012，13 (7)：8-11.
[58] 孙书晶，曾旭. 生物质热解炭化及其资源利用进展 [J]. 化工设计通讯，2017 (4).
[59] 石海波，孙姣，陈文义，等. 生物质热解炭化反应设备研究进展 [J]. 化工进展，2016，31 (10).
[60] 孟凡彬，孟军. 生物质炭化技术研究进展 [J]. 生物质化学工程，2016 (6).
[61] 罗亭. 城镇有机垃圾热解生物炭理化性质研究 [D]. 重庆大学，2014.
[62] 岑超平，陈雄波，韩琪，等. 对农村生活垃圾小规模焚烧的思考 [J]. 环境保护，2016 (21).
[63] James M T. The genus Hermetia in the United States (Dipt., Stratiomyidae). Bulletin of the Brooklyn Entomological Society, 1935.
[64] CallanE. Hermetia illucens (L.) (Diptera, Stratiomyidae), a cosmopolitan American species long established in Australia and New Zealand [J]. Entomol Mon Mag, 1974.
[65] Sheppard D C, Tomberlin J K, Joyce J A, et al. Rearing Methods for the Black Soldier Fly (Diptera: Stratiomyidae) [J]. Journal of Medical Entomology, 2002, 39 (4): 695-8.
[66] Booth D C, Sheppard C. Oviposition of the Black Soldier Fly, Hermetia illucens (Diptera: Stratiomyidae): Eggs, Masses, Timing, and Site Characteristics [J]. Environmental Entomology, 1984, 13 (2): 421-423.

[67] Sheppard D C, Newton G L, Thompson S A, et al. A value addedmanuremanagement system using the black soldier fly [J]. Bioresource Technology, 1994, 50 (3): 275-279.

[68] Tomberlin J K, Sheppard D C. Factors Influencing Mating and Oviposition of Black Soldier Flies (Diptera: Stratiomyidae) in a Colony [J]. Journal of Entomological Science, 2002, 37 (4): 345-352.

[69] Jibin Z, Ling H, Jin H, et al. An artificial light source influences mating and oviposition of black soldier flies, Hermetia illucens. [J]. Journal of Insect Science, 2010, 10 (202): 202.

[70] Nguyen T TX, Tomberlin J K, Vanlaerhoven S. Ability of Black Soldier Fly (Diptera: Stratiomyidae) Larvae to Recycle Food Waste [J]. Environmental Entomology, 2015, 44 (2): 406-410.

[71] Spranghers T, Noyez A, Schildermans K, et al. Cold Hardiness of the Black Soldier Fly (Diptera: Stratiomyidae) [J]. Journal of Economic Entomology, 2017, 110 (4).

[72] Cammack J, Tomberlin J. The Impact of Diet Protein and Carbohydrate on Select Life-History Traits of The Black Soldier Fly Hermetia illucens (L.) (Diptera: Stratiomyidae) [J]. Insects, 2017, 8 (2).

[73] 胡俊茹，王绥涛，邱世殿，等. 黑水虻幼虫培养基替代豆粕对吉富罗非鱼生长、体组成和血清生化指标的影响 [J]. 淡水渔业，2016，46 (6)：98-103.

[74] 张铭杰. 利用黑水虻处理农村易腐垃圾技术研究 [D]. 浙江大学，2019.

[75] 陈美珠. 黑水虻处理餐饮垃圾的技术分析与应用探讨 [J]. 广东科技，2017 (11)：61-63.

[76] 中华人民共和国农业部. 饲料原料目录 [Z]. 2013-01-01.